# 通俗博弈论

# GAME THEORY
## A NONTECHNICAL INTRODUCTION


莫顿 · D. 戴维斯（Morton D. Davis）/ 著

董志强　李伟成　/ 译

中国人民大学出版社

·北京·

大师 细说博弈论

# 作为魅力学问的博弈论

## （总序）

有许多理由让我向读者们推荐博弈论，也顺便推荐本套丛书。说起博弈论，在过去的10多年里，人们对于它的感受是随着时间的推移而变化的。20世纪90年代初，我开始为研究生和博士生开设博弈论课程，一些同事用怀疑的眼光看着我。随后，在中国经济学界出现了博弈论热潮，而这种博弈论热潮是我在

1996年发表在当时很有名的《经济学消息报》上面的文章所准确预言了的。[1] 随后，有一些反潮流的人撰文批评这样的博弈论热，但是，我们看到，即使包括张五常这样的大家在内的批评者都没有成功地为博弈论热降温。在今天的经济学专业杂志上，包括国际上著名的经济学刊物，甚至在超出一般意义的经济学期刊，譬如管理、法律、政治学、生物学、心理学、军事科学等学术杂志上，运用博弈论方法构造数学模型的论文可以说是汗牛充栋、随处可见了。

与许多学问不同，博弈论不仅仅因为它开始成为包括经济学在内的社会科学的一般性研究框架而显得重要，犹如19世纪的牛顿力学在自然科学中的地位，而且，博弈论还是一门充满韵味且魅力十足的学问。正是由于博弈论那深刻的策略分析与对于大千世界中无所不在的复杂现象的巧妙解读，人们不仅满足了好奇心，而且还会感到茅塞顿开，豁然开朗，甚至在读了博弈论对于从经济管理到进化生物学一系列学术难题的精妙解读之后，禁不住会大呼过瘾、爽极！

对于许多人来说，科学的价值是能够帮助人们去认识世界、改造世界。其实，这是实用主义者的感受。对于科学家，特别是一些大科学家来说，他们认为科学理论的价值是它无比的美感，譬如爱因斯坦、薛定谔。对于既不同于普罗大众，也不是爱因斯坦那样的大科学家的大多数研究者来

---

① 蒲勇健：《博弈论：中国经济学家亟须掌握的数学工具》，载《经济学消息报》，1996（31）。

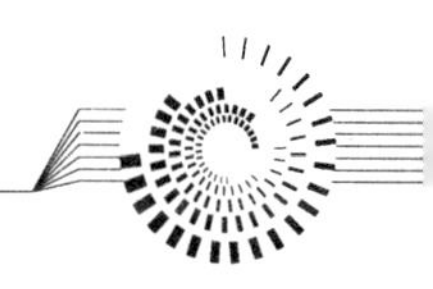

说，玩科学的感受其实就是有趣。趣味，是使得大多数科学家埋头于学问的主要推力。这种沉迷于学问里面的无穷趣味，是普通人难以想象甚至难以企及的境界，那可不是一般的趣味，那是“神趣”！——令人神魂颠倒、忘乎所以之意境！有如窥见上帝秘密之快感和人世间任何其他满足都难以比拟的快乐。当然，并不是所有的学问都能够如此这般地给人带来快乐，但是博弈论肯定是位列其中的。

作为研究策略性互动的学问，博弈论在解释经济行为的原因、政治制度的形成与演化、进化心理学假说的模型构建、进化生物学的数学化、市场设计与供求匹配等方面大获成功，已经成为生命体行为现象微观研究的重要方法——不仅仅是人类的经济行为。

美国第一位获得诺贝尔经济学奖的大师保罗·萨缪尔森说过：如果你想成为一个有见识的人，就一定要读读博弈论。其实，读读博弈论，还不仅是让人开眼界、长见识，喜欢深刻思考的人，会发现博弈论正是你爱不释手、丢弃不了的东西。

到底博弈论有什么迷人的地方呢？随便举个信手拈来的例子，就是中国的跨地区移动通信为什么要收取漫游费。要知道，全世界只有三个国家在收取漫游费——中国、印度和日本。为什么？在我曾经参加的听证会上，运营商说跨地区移动通信会增加运营商的业务量，所以成本的增加使得它们通过收取漫游费来填补额外的成本。其实，收取的漫游费数

量远远超出了它们购买设备处理业务的费用，这样的理由是不成立的。那么，是什么难言之隐让运营商要收取漫游费呢？博弈论让我们很容易推演出运营商难言的秘密：如果取消漫游费，那么运营商们就处于全国统一的竞争性市场中，它们之间就会打起价格战，导致大多数运营商退出，而留下极少数幸存者垄断市场。并不是所有的运营商都有这样的自信：我会是最后的幸存者。所以它们之间就达成这样的默契：通过漫游费将市场分割为各个区域性市场。漫游费是地区市场分割的壁垒，各个地区的运营商都在自己的地盘里过着垄断带来的好日子。比如，在漫游费的高墙下，你是北京的用户，想用重庆的电话，因为重庆的话费可能要便宜一些。但是，漫游费就让你用重庆的电话比用北京的电话还要贵。这样，即使重庆的电话费比北京的电话费便宜，漫游费也让你难以企及，因为加上漫游费，对你来说用重庆的电话就要比用北京的电话贵了。同样，重庆的用户也会只用重庆的电话，各个地区的用户都只用本地区的电话，全国性的统一竞争性市场就被分割成各个地区的垄断市场，而用户们也不得不支付高额的话费。在这里，博弈论所起的作用是：它预言统一市场中会出现价格战。因为如果你知道一点博弈论，就一定知道“囚徒困境”这样简单的博弈论模型，也知道两个小偷在警察面前都会相互出卖同伙的结果。竞争性市场里的企业相互杀价，进行价格战就是“囚徒困境”，而相互出卖是它们的选择。

怎么样，博弈论让你大开眼界了吧。其实，在博弈论里，这样的妙招很多，它会教你怎样识破谎言。1996 年的诺贝尔经济学奖得主之一、博弈论专家维克里就教会招标人如何识破投标人的谎言，让投标人老老实实地把真实的底价告诉招标人。

举一反三，同样基于惧怕价格战的原因，沃尔玛与麦德龙连锁店在选址上就不会十分接近。读者也许会注意到，沃尔玛与麦德龙在全世界任何地方的分店，通常都有足够远的距离。这样，即使居住在沃尔玛附近的消费者知道麦德龙的商品可能较沃尔玛便宜，但是较远的空间距离也让他对于放弃沃尔玛而去麦德龙购物望而却步。同样，居住在麦德龙附近的消费者也会是麦德龙的客户。沃尔玛与麦德龙之间拉开空间距离，就能够相互维护二者之间的市场细分而避免价格战对于双方的伤害。这是一种默契，也是博弈的结果。

博弈论不仅仅是学问，也不仅仅可供人们在茶余饭后消遣。更加重要的是，博弈论在现实中被广泛运用，例如英美国家的 3G 手机频率拍卖明显或者不明显地采用了博弈论的策略。博弈论不仅仅是好玩，而且十分有用。我们来看看下面这个例子。20 世纪 80 年代，在美国有两家销售音响产品的商店——疯狂艾迪和纽马克 & 路易斯。疯狂艾迪为了阻止纽马克 & 路易斯私下进行降价竞争，陷入价格战导致双方同归于尽，便打出了这样一个广告：凡是在疯狂艾迪购买商品的顾客，如果发现在其他商店可以以更低的价格买到同样的商品，疯狂艾迪可以按照差价的双倍对顾客进行补偿。这样，如果纽马克&路易斯私下降价，任何人都不会去它那里买东西。因为所有人为了获得两倍差价的补偿都会去疯狂艾迪买商品。这意味着一旦纽马克&路易斯私下降价，则对方会自动降价更多，并且纽马克&路易斯的顾客还会流失。这种方式就迫使纽马克&路易斯不敢私下降价，价格战就这样避免了。

这个案例在全世界都被模仿。我在重庆的家乐福超市也看到过类似于疯狂艾迪那样的广告：谁要是在重庆主城区以比本店更加便宜的价格买到同样的商品，本店将按照差价的三倍补偿。

更加鲜活的例子是，在2012年，中国的电子商务巨头京东试图挑起的一场大家电价格战被苏宁电器用与当年疯狂艾迪完全相同的博弈策略秒杀了！2012年8月14日，京东商城的首席执行官刘强东在其实名认证的微博上面声明：京东商城的所有大型家电将在未来三年里保持零毛利，“保证比苏宁、国美连锁店便宜至少10%以上”。苏宁立即以微博接招，宣布所有产品价格必然低于京东，否则将给予消费者两倍差价赔付。于是，硝烟还没有升起，京东便偃旗息鼓了。苏宁简单搬用疯狂艾迪的策略便一招致命，击退了京东的挑战。

在政治领域，博弈论更是如鱼得水。现今的政治科学研究，大量采用博弈论的方法已经是世风。一些令人头疼的政

治现象，用博弈论方法看就是直截了当的了。譬如，中东和平进程为什么受阻，就是因为目前的停滞状态是博弈论中的纳什均衡。巴勒斯坦要求以色列首先交还被占领土，然后才声明放弃恐怖活动；而以色列要求巴勒斯坦首先宣布放弃恐怖活动，然后它们才交还占领的巴勒斯坦领土。双方都不愿意首先改变自己的策略。因为如果巴勒斯坦宣布放弃恐怖活动，以色列也可以不交还被占领土，巴勒斯坦就惨了。同样，如果以色列交还了占领的巴勒斯坦领土，巴勒斯坦也可以不宣布放弃恐怖活动，以色列也会吃大亏的。因此，双方都不会首先改变自己目前的策略，这就是博弈论里的纳什均衡。既然是纳什均衡，就是一种难以改变的胶着状态。

混合策略博弈是指博弈的参与人通过模糊自己的策略动机迷惑对手的博弈。在日常生活中，谈恋爱就是一种混合策略博弈。在谈恋爱的过程中，女孩子通常会对于男孩子的追求反应含糊。因为如果女孩子说她爱男孩子，男孩子就认为已经搞定，就不会继续狠追女孩子了，女孩子会因此失去被追的愉悦。如果女孩子说她不爱男孩子，男孩子就会放弃，女孩子就会失去继续考察男孩子的机会。所以，女孩子对于男孩子的追求总是若即若离，不轻易说她对他爱与不爱。这是混合策略的运用。

一旦引入信息不对称，博弈论就更加魅力十足了。许许多多曾经是扑朔迷离的社会现象、经济现象，甚至生命现象，在信息不对称假设下就会令人感到茅塞顿开。

在2013年初，包括韩国和日本在内的一些在华外资汽车公司，纷纷开始推出将新购汽车的保修期延长至5年的营销策略。外资企业采用这种策略的目标是试图将中国的国产汽车公司挤出市场。以往，中国的国产汽车与外资汽车之间在市场的竞争主要依靠价格优势。但是，由于劳动力成本的上升，价格优势不再，外资企业依靠的是质量优势，这是国产汽车公司难以模仿的，它们由此发出高质量的信号，从而形成不对称信息中的分离均衡。

也就是说，在过去中国还具有低劳动力成本的情况下，国产汽车公司与外资之间还存在竞争，这种竞争的均衡是外资的高质量与国产汽车公司的低价格之间的平衡。到了2013年，国产汽车的低价格优势由于原材料涨价和劳动力成本上升而逐渐式微，外资与国产汽车之间都在差不多的价格水平上进行竞争了。在这种情况下，在同样的价格水平上，消费者就更加偏好高质量的汽车。保修期越长，就可以被认为是质量越高的产品。因为只有生产高质量产品的公司，才不会因为较长的保修期而产生高昂的费用，这是由于高质量产品在即使是较长的时间里也较少出现质量问题。这样，通过较长的保修期，企业就把高质量的信号发送给了消费者，而消费者也就因此放弃购买没有发送高质量产品的企业产品，转而购买发送高质量信号的企业产品了。

生命现象是我们这个地球上最神奇、最神秘的现象。达尔文的进化论为我们说明了复杂的生命现象是如何进化而来

的。正是博弈论为进化论建立起了数学模型。

生命的个体也许并不是对于许多不同的生存策略进行理性的选择，而是通过偶然的试错过程发现了最优的策略。当所有个体都完成了最优生存策略的“自然选择”之后，就达到了纳什均衡。个体因为发生突变而面对不同的生存策略，而不同的生存策略给个体带来了不同的生存适应度。只有那些带来最大适应度的策略才可以让个体生存下去，而通过遗传，那些成功地“自然”选择了最优策略的个体便把自己的基因遗传了下来，而其他物种个体便灭绝了。博弈论专家证明，这种自然选择出来的最优策略是纳什均衡策略，尽管并不假定生命个体一定是理性人——这避免了传统经济学理性人假设带来的尴尬，因为心理学家经常会批评这样的假定。

在人类出现的东非大峡谷，那些高个子的人类祖先，因为生存更加困难（高个子更容易被豺狼虎豹看见，在野兽追来时更难以躲避），心脏负荷大，需要更多的食物而处于生存劣势。因此，只有那些生存能力较强的高个子基因遗传下来了。这是一种不对称信息博弈中的信号博弈现象。高个子是发送优良基因的信号，所以人们在谈对象的时候，一般喜欢高个子，这是因为他们或许载有更加优良的基因，可以通过与他们结合把自己的基因遗传下去，因为既然高个子生存更加困难，但是当他们还生存着时，就意味着他们具有更加强大的生存基因。表面看起来，喜欢高个子是因为我们觉得高个子赏心悦目，是美的元素。其实，人类的美感是与生存能力联系起来的。这是所谓进化博弈论的发现。

博弈论中最具魅力的部分是信号博弈。在进化博弈论里，信号博弈把过去人们认为是纯粹主观性的审美解读成进化中的生存博弈形成的策略，当然是物种在进化过程中的纯粹是自然选择的策略。

信号博弈还可以解释官僚贪污现象。官员贪污腐败是忠诚的信号。读者可能会觉得奇怪：贪污腐败怎么与忠诚联系在一起？其实，政府官员贪污尽管是古今中外都普遍存在的现象，但是从历史上看，在东方要盛于西方。在东方，至少在过去，特别是东方一些完成现代化进程之前的国家，贪污甚至是人们习以为常的，或者说是老百姓看来无可奈何的现象。同时，我们注意到，在历史上，东方也普遍采取专制社会的社会治理模式，以至在文献上会出现“东方专制社会”的术语。

我们下面从博弈论的信号发送机制出发，说明这两个社会现象之间存在着密切的联系，即专制社会与官员贪污腐败之间存在着因果关系。专制会带来贪污腐败，或者说比非专制社会更加普遍的贪污腐败现象，这种因果关系并不是简单地因为专制社会缺乏对于官员的监督，而是因为在专制社会里，官员向其上司表忠诚，可以通过自己贪污腐败来发送忠诚的信号，以利于保护自己。

在专制社会，官员的全部命运基本上都掌握在他上司手里。上司可以决定他们的升迁，甚至掌控着他们的身家

性命！

官员为了保护自己，让上司找不到任何可以灭掉自己的口实，或者让上司相信自己不会谋反，自己是完全忠诚于上司的，就需要发送这样的信号给上司——我是忠诚于您的！

但是，发送的信号必须要满足“可置信”的条件。上司怎么才会相信你的表白呢？

如果你非常清廉，这样就会有好的声誉。一旦你谋反成功，譬如谋朝篡位，你的好声誉就会让人民接受你，而让想攻击你的潜在敌人感到要击败你是比较困难的。正是你的好声誉会助你谋反成功。

但是，如果你的声誉很糟糕，即使你谋反成功，人民也不会接受你，你的敌人也会利用这一点对你发起攻击，并且会得到人民的响应，你会落败的。

这样，当你具有好的声誉时，你谋反成功并且取而代之的动机就会比较强烈，相反，你的坏声誉会增加你谋反成功的难度，你的谋反动机也就比较小了。

如果你并不想谋反，同时也要向上司表明你的忠诚，你就可以采取自毁声誉的办法，增加你谋反成功的难度，同时也告诉你的上司，你是不会谋反的，因为你谋反成功的机会很小！这种信号是可置信的。

当你的上司相信你不会谋反时，你就成功地保护了自己。

当然，官员的贪污不仅仅是为了实施这样的策略，也有

真正对于财富的贪婪。但是，人们对于财富的贪婪无论在东方还是西方社会都应该是一样的，为什么在东方社会要更加普遍？这是因为东方社会普遍存在的专制治理模式给这一信号发送提供了动力。所以，贪污作为信号是有一定解释力的。

当然，这种信号理论比较适合解释皇帝身边的权臣贪污，并不能解释下层官员的贪污。譬如，和珅生活在乾隆皇帝身边，但是其贪得无厌到了不能企及的程度，乾隆皇帝反而对他宠爱有加。

据说张良在跟随刘邦进入京城的时候，便叫家丁们到街上去打砸抢。这样的自毁声誉与贪污行为其实都是保护自己的策略，两者异曲同工。

博弈论看起来深刻奥妙，有一些玄乎。其实，博弈论就在我们身边，每时每刻，无所不在。潜藏在博弈论精深的数学模型背后的故事非常精彩。每一个博弈论模型都有着一个好听的故事。本套丛书就为大家提供了更多更加好听的故事，赶快去读读吧……

蒲勇健

2013年3月20日

重庆渝中区瑞天路雍江苑

# 译 序

译完本书，刚好本年度的诺贝尔经济学奖新鲜出炉，诺贝尔经济学奖是现代经济学发展成就的最好记录。如果以获得诺贝尔经济学奖来衡量，博弈论在现代经济学发展进程中毫无疑问扮演了非常重要的角色。

1994 年 10 月，诺贝尔经济学奖授予给纳什、海萨尼和泽尔腾三位博弈论专家，表彰他们在非合作博弈的均衡分析理论方面做出的开创性贡献，他们分别奠定了纳什均衡、子博弈完美均衡、贝叶斯均衡等重要的博弈论概念基础。2005年，又有两位博弈论大师——奥曼和谢林——分享了该年度的诺贝尔经济学奖，他们通过博弈论分析加深了我们对冲突与合作的理解，前者基于重复博弈理论研究人类的合作行为，成就卓著，后者则提出了可置信威慑、承诺、边缘政策等重要概念，对理解政治、军事、外交和其他冲突产生了深远影响。2012年的获奖者之一沙普利教授是著名的博弈理论家，在随机博弈、匹配机制和合作博弈的解方面都做出了开创性贡献；另一获奖者罗斯教授则将博弈理论运用于市场设计并取得了巨大成功。

除了这些博弈论专家之外，还有一大批经济学家凭借与博弈论应用相关的研究而获得诺贝尔经济学奖。比如1996年获奖的莫里斯和维克瑞，2001年获奖的斯宾塞、阿克洛夫和斯蒂格利茨，他们因为非对称信息下的激励理论和市场运行研究而获奖；2007年获奖的赫维茨、马斯金、迈尔森，在创立和发展机制设计理论方面做出了卓越贡献；2002年获奖的史密斯，做了许多博弈和市场实验，作为实验经济学的先驱人物而获得诺贝尔奖。

列举这些名字，足见在最近几十年，博弈论正绽放异彩。不单在经济学学科如此，在其他学科比如生物学、政治、军事等几乎所有存在互动行为影响的领域，博弈论都成为一种重要的分析工具。博弈思维几乎成为人类生活中的一种常识性要求。1970年获得诺贝尔经济学奖的萨缪尔森后来曾说："要在现代社会做一个有文化的人，你得大致懂点儿博弈论。"

有人认为博弈论是高深的数学游戏，似乎与普通人不沾边。实际上，博弈就时时刻刻发生在我们身边，博弈论的例子俯拾皆是。就连看似与博弈论风马牛不相及的琼瑶剧里，都可以找到典型的博弈案例，比如下面这段对话：

晴格格："我们是在往西南走，是不是啊？我们要去大理，是不是啊？"

箫剑："应该是。你会这么想，那个乾隆皇帝应该也会这么想。所以，所有的追兵都会往西南追。我们最不能去的方向，就是西南。北边是我们来的路，也是北京的方向，我们也不能去。东边是海，我们总不能跑到海里去吧？所以，我们唯一的一条路，就是往西走。"

晴格格："你都计划好啦？那……那我们往西走，要走去哪儿呢？"

箫剑："我们不往西走，我们往南走。"

晴格格："你不是说，我们不往南走吗？"

箫剑："刚刚是我的分析，乾隆皇帝大概也会这么分析。万一他分析的跟我一样，一定会把追捕的队伍主力放在西边，所以，我们不去西边。我们就往南走，最危险的地方，说不定是最安全的地方。往南走一段，再转往西南，这样绕路也不多，更何况，一路上到处都有我的朋友。"

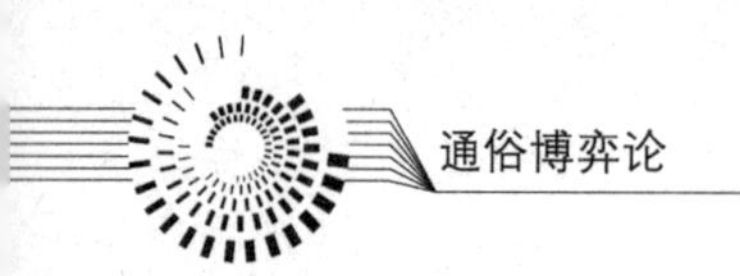



（画面切换到大殿，乾隆召集众大臣发布指令。）

乾隆："朕要你们立刻集合这里所有的武功高手，去追捕箫剑和晴格格。别伤了他们的性命，给朕活着带回来。"

大臣："臣遵旨。只是，杭州四通八达，皇上您可有线索，他们会往哪边走啊？"

乾隆："箫剑心心念念要去的是大理，往西南方向追准没错。"

众臣："喳，臣领旨。"

乾隆："等等。那个箫剑心思细密，他一定知道，我们应该往西南方向追。他不会那么笨。北边是他想逃离的地方，他不会去。所以，依照朕的猜测，他们两个多半是往西边跑才对。慢着，朕会这么分析，箫剑应该也会这样分析吧。孟大人，你画张地图给朕看看，朕要跟那个箫剑斗斗法……"

这是从琼瑶剧里截取的一段视频。[①] 箫剑和乾隆在做决策时，都试图站在对方立场（put one's foot in other's shoes）上思考自己的最优选择，这就是博弈思维。因此，博弈论离我们并不遥远，它就在我们的日常生活之中。

当然，有些互动局势极其简单，生活经验就足以让我们一眼看穿；但有些局势则复杂得多，很难发现最优选择，至少常常令人困惑。因此，博弈思维需要理论训练。理论是我

① 该视频网址：http://v. youku. com/v_show/id_XMjE2NDQ2ODQ0. html.

们认识世界的思考模式，它的功用就是简化了无关的干扰，让人们可以集中关注核心问题和本质关系。

大多数博弈论著作都充满了数学公式和复杂的分析，普通读者看起来有点儿费劲。如果你也有同样的烦恼，那么我推荐这本《通俗博弈论》。这本书足够薄，因此不需要下决心挤出一大块时间来阅读；这本书足够简明，因此不需要为缺乏数学功底而感到有心无力；这本书内容涵盖了经典的完全信息博弈理论，因此可以作为一本很好的博弈论入门书。虽然本书写作的时间已经比较久远，但迄今仍是了解经典博弈论的最佳读物之一，所以我们也可以说这是一本经过时间检验的著作。事实上，这本书出版后曾经风行一时，至今在许多博弈论教材中仍得到推荐，可见其必有可取之处。具体有何可取，读者可以自己去发现。我个人的感受是，书中的一些例子，让我这个在博弈论领域已探究多年的人，仍有温故而知新之感。

当然，本书也只能作为一本入门读物，它没有反映博弈论领域的新进展。最近三十年，合作博弈、进化博弈都取得了出色的进展，最值得提及的是行为和实验博弈论的兴起，正在改变经济理论。了解这些新的进展，仍然需要经典博弈论基础知识，相信本书可以为此奠定知识基础。

本书虽然短小精悍，但翻译费了很长时间，这一切只能怪译者的怠惰，另外也确实因为能够分配给翻译的时间并不多。本书第 3、4、5 章由我的博士生李伟成翻译，其余部分

由我翻译。我的同事朱琪教授曾校对第 3、4、5 章译稿，在此致谢！

众所周知，翻译是费力不讨好的工作，译者的再创造、再加工无论如何好，也总不如原作有滋味，所以我一直主张，有能力的读者都应该去读原版。当然，如有翻译错漏，欢迎读者指正，以便日后改进。我的电子邮箱是：d_zq@163.com。下面的二维码是我从事博弈论和经济学科普写作的公众号，欢迎关注。

**董志强**

**2016 年 9 月 13 日于小谷围岛**

**d_zq@163.com**

# 第一版序

奥斯卡·摩根斯特恩

作为一门新兴学科，博弈论因其新颖的数理特性，以及在社会、经济、政治问题上的诸多应用，已引发人们强烈的兴趣。该理论方兴未艾，广泛影响着社会科学。博弈论之所以越来越多地用于解决社会科学家们所遇到的一些非常重要的问题，是因为该理论的数理结构跟以往用于分析各种社会现象的数学基础大不相同。以往的努力均以自然科学为导向，深受自然科学在过去几个世纪所取得的巨大成功的鼓舞。然而，社会现象却不同：人们有时彼此竞争，有时又互相合作；他们掌握着不同程度的信息，各自的愿望决定着他们是竞争还是合作。无生命的自然物毫无这些特性，各种原子、分子、恒星可能凝聚、碰撞乃至爆炸，但它们之间既不会彼此斗争，也不会相互合作。因此，用自然科学发展起来的方法和概念来解决社会问题不太靠谱。

约翰·冯·诺依曼（John von Neumann）奠定了博弈论的基础。他在 1928 年证明了基本的极小极大定理，并于 1944 年出版著作《博弈论与经济行为》（*Theory of Game and Economic Behavior*），从而开辟了这一领域。结果表明，从策略博弈中选取合适的模型，可以对社会活动进行很好的描述。反过来，这些博弈也经得起纯数学分析的检验。

社会科学研究需要严格的概念。我们必须精确界定效用、信息、最优行为、策略、盈利、均衡、谈判等诸如此类的术语。策略博弈理论为所有这些范畴提供了严格的概念，从而我们可以用一种全新的方法来研究社会中扑朔迷离的复杂性。倘若没有这些准确概念，我们就不可能把讨论从纯粹的口头阶段提升；即使能够从口头阶段提升讨论的质量，我们也会永远局限在一个有限的理解范围之内。

数学基础比较薄弱的读者，似乎无法理解这些数学理论。然而，实际情况并非如此：对理论及其应用进行清晰、全面和深入的论述是有可能的，只不过这需要满足一个重要条件。力求这么做的人、希望进行更高阶言辞表达的人，他自己应该对理论的所有复杂性有透彻的理解；若有可能，他还应参与过理论的发展。这本备受推崇的著作之作者，莫顿·戴维斯（Morton Davis），充分满足了上述条件。对于一个新的科学分支，能找到这样一位讲解员的确非常幸运，他有能力给普通读者带来诸多崭新的且在某种程度上令人目不暇接的思想。

本书沿袭了科学写作的优良传统，这在自然科学领域早已为人们所熟悉。在这些领域——数学不可避免地包括在内——颇有才干的著述者们穷尽心思，力求用尽可能简单的术语来准确解释通常以惊人速度涌现的新成果。事实上，如下假设是很合情理的：这些著作本身反过来也为该领域的进一步发展做出了贡献，因为它们传播了知识和兴趣，并拓展了许多新思想到各自的领域。在社会科学领域，像本书这样的著作是很少见的。这一方面是由于如下事实：很少有社会科学理论能像自然科学理论那样广泛深入地阐释问题，只有博弈论做到了这一点。另一方面是因为，在讨论富含感性色彩的社会、经济问题时避免投射个人价值判断是很困难的。本书完全避免了这些不足，它只给人们提供解释和分析的准则，而对理论描述和发展则始终保持中立。

本书的读者将会对社会领域的高度复杂性留下深刻印象，并亲眼见到用于解释它的理论最终会变得多么复杂——跟这个理论比起来，就算当前一些很艰深的自然科学理论也会显得逊色。

跟随戴维斯步伐前进的读者，将会被带进美不胜收的新世界；许多高山已被征服，也有许多亟待探索。我深信，对生活的错综复杂有更深理解的人，定会在其人生旅途中脱颖而出。

**1969 年 11 月于普林斯顿大学**

# 作者前言

我们希望通过一个完全不同的视角，即“策略博弈”视角，来研究交换问题，以便获得对其真正透彻的理解。

——约翰·冯·诺依曼和
奥斯卡·摩根斯特恩
《博弈论与经济行为》

大约40年前，数学家约翰·冯·诺依曼和经济学家奥斯卡·摩根斯特恩，试图找到更有效的方法来分析某些经济问题。他们注意到"经济行为的典型问题跟恰当的策略博弈的数学概念是严格一致的"，于是他们提出了"博弈论"。神奇的是，这一新工具对于分析其他很多领域的问题也颇有价值。

在冯·诺依曼和摩根斯特恩创立博弈论之后数十年，这一数学理论已走向成熟，其应用与日俱增。只要看看心理学、社会学或政治科学期刊论文摘要中醒目的"博弈论"或"囚徒困境"，就能感受到这种扩散。在《财富》杂志一篇关于高管决策制定的文章中，约翰·麦克唐纳（John McDonald，1970）指出，博弈论"有特异功能去弄清楚那些起作用的力量"，并论述了博弈论是如何"与某些卷入集团争斗的现实企业战略联系在一起的"（第 122 页）。他把航空公司竞争、政治压力联盟、厂址选择、产品多元化以及企业集团兼并视为运用博弈论的合适领域。

在商业的其他领域，博弈论被用于推导最优定价、竞价投标策略以及制定投资决策。博弈论也被用于遴选陪审员、衡量参议员势力大小、为战役调拨坦克、公平分摊经营费用，以及分析生物进化斗争的策略。

那么，博弈论问题到底有何特别之处？简而言之，博弈中存在按照自己意愿决策的其他人，且必须把这些人纳入考虑之中。当你试图弄清楚他们在做什么的时候，他们也正试图弄清楚你在做什么。建造一座适于所有天气的房子时，大家不会认为大自然是故意安排酷暑和严冬来刻意为难大家。

但是，当你为了增加销量而开展新的促销活动时，可以肯定，你的对手将百般阻挠。在博弈中，每个参与人都必须评估自己的目标跟其他人的目标在多大程度上是契合或是背离的，然后决定跟他们中的全部人或部分人是合作还是竞争。参与人的这种休戚与共和利益冲突错综复杂，使得博弈论万般迷人。

博弈论定义颇广。博弈并非只有一个“理论”，事实上，存在很多种理论。“博弈”的性质与普通的室内游戏性质一样，是由“规则”决定的。参与人能不能沟通，能不能达成有约束力的协议，他们掌握的信息，以及共享盈利的能力，这些都是起作用的因素。但更重要的是参与人的数量，以及参与人的利益在多大程度上是一致的或冲突的。实际上，后两个标准决定了本书的结构。本书有一章讲解有利益冲突的二人博弈；另一章讲解有共同利益的二人博弈；还有一章讲解超过两个参与人的博弈。

每个博弈中，我们都要寻求其“解”，即描述每个参与人将如何行动以及结果又如何。随着内容的深入，本书涉及的博弈将越来越复杂，而有说服力的解也将越来越难以获得。恰如有一种不尽如人意的守恒法则在起作用：博弈越重要，该博弈在现实生活中的应用就越广泛，而分析起来也越困难。最简单的博弈是参与人利益截然相反的二人博弈，这些博弈有普遍认同的解。但是，正如普遍的情形一样，若参与人超过两个或参与人既有利益冲突又有共同利益时，博弈有可能无解，或者可能存在很多解。我们通常只能勉强接受与其他结果比起来更稳定、更可实施或者更公平的结果。虽然这些解看上去合情合理，但它们通常难以令人完全信服。

尽管复杂博弈比简单博弈更难预料结局，但它们常常更有趣、也更有用。以博弈眼光看待复杂局势，便可将经验观察到的直觉洞见转化为数量模型，让人们可以进行细致的定量推断，而这种推断往往是直觉所不及的。譬如，给一个人更多选票将增加其势力，这是一回事；实实在在用一个数字来反映这种势力的增加，是另外一回事。人们不仅设计了很多衡量投票势力的方法，而且已成功地将其付诸实践。国会议员、总统以及诸多投票机构，如联合国安理会和纽约市预算委员会，其成员的势力都可计算出来。正是基于这样的投票势力衡量方法，才在法庭上出现了对拿骚县投票体制的成功挑战——法庭原告认为，一些城镇实际上被剥夺了公民权，并且这种情况过去一直存在。

这些投票势力衡量方法的另一个应用是所谓的跟风(bandwagons)，即某个候选人逼近成功的时候，大部分代表会倾向于涌往这位呼之欲出的候选人，此现象早已众所周知。应用势力衡量方法可以推断出投票团体在何时会变得不稳定。这在1976年共和党预选时曾得到有效应用，并且这种分析比当时观察家的分析更加准确。

有点令人吃惊的是，博弈论模型的另外一个好处是它们的经济性——为某个目标构造的模型还可以服务于另一个完全不同的目标。看似极不相同的两类问题最后可能被证明是一样的。不久之前，有人提出如下的聚会博弈：对有价值的东西（比如1张美钞）进行拍卖，但出价最高和出价第二高的竞价者均须支付其出价。事实证明，这是分析军备竞赛的恰当模型。事实也证明，这个模型还准确地反映了两个雄性动物间争夺配偶的竞争。此处讨论的投票势力衡量方法也是服务于双重目标模型的例子，为衡量选民势力进行的计算，同样可用于共享跑道的飞机之间进行成本的公平分摊。

此次的修订版跟1970年首次出版的《博弈论》（*Game Theory*）已有诸多方面不同。除第1章外，其他每章在开始时都提出了不少问题，读者有机会在阅读之前自己求解一下这些问题。（跟大部分数学问题不同，博弈论的许多问题很容易被外行理解。）各章结尾部分将讨论问题的解，读者可以将自己的“常识”解与作者的解进行对比。在阅读书本内容之前，思考一下问题的解，将更有裨益。

“一般的二人零和博弈”一章包含了一些实用的求解技巧，这些技巧通常是（但不全然是）简单而有效的，且一般而言可让人对博弈的性质形成深刻理解。其中也提到了许多现实博弈的应用，如网球赛中“出其不意”发球的最佳时机，以及如何在21点游戏中取胜；也有一些政治学中的应用，如总统竞选中如何分配资源，以及如何遴选陪审团；还有其他一些应用，如将混合策略应用于执行环保标准、实施禁止超速法规、抑制犯罪，以及（为进化而斗争的动物）在避免不必要的冲突下捍卫自己的地盘等相关问题。

近期的一些实验对效用理论提出了质疑。效用理论机制允许人们用一致的模式来表达个人偏好，从而个人可以做出理性决策。而选择似乎常常是在对备择方案的描述方式的基础上做出的。虽然对有偏见的调查对象（biased poll-takers）、销售员和广告商来说，这大概不是什么新闻，但对博弈论专家却是个麻烦。博弈论专家假设决策者的行为是理性的，若他们行为不理性，就会产生难题，这些难题亦将在本书中得到讨论。

博弈论最振奋人心的新应用是在生物学领域。最近有大量的关于博弈论在进化过程中作用的研究：例如，研究一只苍蝇在移动到下一堆牛粪之前，应该在上一个粪堆上待多长时间以等来配偶；以及一个物种其成员要保持多大的进攻性，才能获得最大限度的生存机会。类似的问题在本书将会得到详细的讨论。本书还介绍了两个计算机锦标赛结果，并考察了某些进化上的启示，锦标赛中的“参与人”是由老练的博弈论专家们编写的计算机程序。

最后一章“$n$人博弈”在内容上也有了扩展。新增了两个小节来说明如下两个问题：如何建立一个能准确反映社会成员偏好的投票体制？以及，若建立了这样的体制，个体将如何利用它为自己谋取好处？事实证明，这一主题充满误区和矛盾。在国家历史上，选举体制出错而让人觉得好笑的例子是阿拉巴马悖论（Alabama Paradox）。本书还囊括了大量新的理论应用例子，如会计程序中沙普利值（Shapley value）的应用、跟风效应分析等。

尽管改动颇多，但本书的初衷一直未变。本书旨在为博弈论——我们这个时代最有成效和最有趣味的智力成果之一——提供一个非技术性的讲解。

# 致 谢

创作本书的过程中及随后数年，我深深受益于往来的诸多人士。事实上，人如此之多，我无法一一致谢，但我还是想对自己特别感激的人谨致谢忱。感谢戴维·布莱克韦尔（David Blackwell）教授，我在加利福尼亚大学时的导师，是他引领我进入博弈论领域；感谢奥斯卡·摩根斯特恩教授，我在他领导的普林斯顿大学计量经济研究组工作了两年，也是他让我（和其他很多人）

有机会置身于浓厚的促人奋进的学术环境；感谢卡内基（Carnegie）公司在这些年给予的资金支持；感谢我曾讨教过无数次的很多人，特别是耶路撒冷希伯来大学的迈克尔·马斯库勒（Michael Maschler）教授和罗伯特·奥曼（Robert Aumann）教授。

# 目　录

大师 细说博弈论

# 第1章 细说博弈论

## 概　述

博弈论是一种决策理论。它研究人们应该怎样制定决策，以及从更小的范围讲，人们是在如何进行决策。每天，人们都要做很多决策，有些需要深思熟虑，有些却几乎是习惯成自然。人们的决策与其目标息息相关——若人们知道每个选择的结果，则解决办法将会很简单。只需决定想要去的地方，然后选择一条能够抵达的路径就可以了。就如你走进一部电梯，心里已想好要去的楼层（你的目标），只需按下相应楼层的按钮（你的一个选择）即可。建造一座桥梁，将会涉及种种更为复杂的决策，然而对于一个能干的工程师来说，原理与此无甚差异。工程师会计算桥梁预期承受的最大负荷，然后设计一座能承受得起这个负荷的桥梁。

不过，当机遇（chance）发挥作用时，决策会更艰难一点。旅行社可能既想为客户提供及时服务，又想避免支付超额电话费，但旅行社不清楚未来的需求有多大，所以不知道该装多少部电话机。然而根据过去的经验，运用概率法则，就可平衡超额话费损失和客户流失损失。

博弈论作为决策工具，适用于更为复杂的情形。在这些情形中，起作用的因素并非只有机遇和你的选择，这也正是我们从现在开始要予以关注的情形。下面先举几个例子来阐明我正在阐释的内容，对此类问题的具体分析则放在后面的章节中。

A公司与B公司分别想买30台和24台打字机；业务员P代表的是当前同时为这两家公司供货的公司；业务员Q代表的是一家竞争公司业务员。每个业务员都有机会向公司A或B做一次销售推介，若他们拜访了同一家公司，则将平分这家公司的销量，但P可以获得剩下那家公司全部的销量。如果他们拜访不同的公司，则各自将获得被访公司的全部销量。图1—1中，列代表业务员Q的两个选择，行代表业务员P的两个选择。与每对选择相对应的数值代表P的总销量（由于总共可以销售54台打字机，故Q的总销量可由54减去P的总销量得到）。

| | | 业务员Q | |
|---|---|---|---|
| | | 拜访A | 拜访B |
| 业务员P | 拜访A | 39 | 30 |
| | 拜访B | 24 | 42 |

**图 1—1**

例如，业务员 Q 和 P 都拜访 A 公司，我们可看到列“拜访 A”和行“拜访 A”交汇处的数值为 39。P 得到 A 的一半销量和 B 的全部销量，即 15＋24＝39。由于总额为 54，不言而喻，Q 将获得 15 台销量。

两位将军 P 和 Q 都想控制暂时在 P 控制下的两处油田：油田 A 占地 30 英亩，油田 B 占地 24 英亩。Q 的兵力只够入侵一处油田，P 的兵力也只够防守一处油田。双方军力相当，故若 P 和 Q 去同一处油田，将打成平手，各得该矿一半矿床，但 P 将继续控制剩下那一处油田。若 P 和 Q 选择不同区位，则每支军队将控制所在区位的全部矿床。

图 1—2 表示了 P 可能控制的矿床总英亩数。

| | | 将军Q | |
|---|---|---|---|
| | | A | B |
| 将军P | A | 39 | 30 |
| | B | 24 | 42 |

**图 1—2**

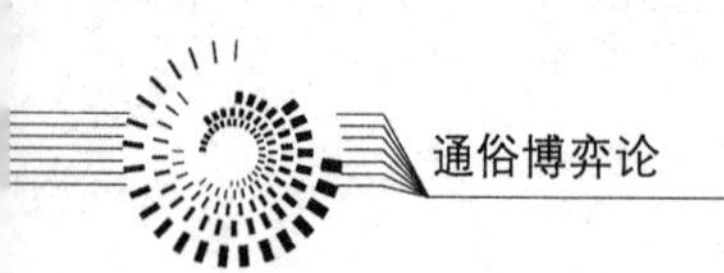


政治会议的最后一天，雄心勃勃的候选人 P 和 Q 将会见 A 州或 B 州的代表。P 是目前颇受青睐的候选人，故若两位候选人拜访的是同一个州，则各自可获得该州一半代表的支持，同时 P 可获得剩下那个州所有代表的支持。若他们分头拜访不同的州，则各自会获得受拜访州所有代表的支持。若 A 州和 B 州各有代表 30 名和 24 名，则所有可能的结果如图 1—3 所示。

| | | 候选人Q | |
|---|---|---|---|
| | | A | B |
| 候选人P | A | 39 | 30 |
| | B | 24 | 42 |

**图 1—3**

虽然上述三种情形各不相同——一个涉及商业竞争，另一个涉及军事冲突，还有一个则是政治活动——但它们都可以归结为涉及博弈论的同一个问题。它们与之前所说的问题——建造桥梁和安装电话机——的根本区别在于：当决策者试图操控其所处的环境时，其所处的环境也在竭力操控他们。店主为争夺更大市场份额而降价时，必须意识到其竞争对手也会这样做。打劫银行（因为那里才有钱）而不抢劫报刊亭的盗贼必须意识到，警察会不断问自己“如果我是盗贼我会去哪打劫呢?”并且采取相应的行动。相反，在建的桥梁对它们自身的安全毫无感知，旅行社的客户也不会殚精竭虑地通过频繁打电话或不打电话来让旅行社难堪。

同其他决策对手进行博弈的参与人与研究猴子行为的科学家有相同的处境。科学家将猴子关进一个房间，并给时间让它们适应环境，之后通过观测小孔进行观察——结果却只看到正盯着他看的猴子的眼球。

在本书后续部分，我将谈到某些我称之为“博弈”的局势。在一场博弈中，将存在（至少两个）参与人，每个参与人将选择一个策略（做出一个决定）。包括可能的机遇也即使参与人感到公正的联合选择的结果是，每个参与人都会得到奖励或惩罚：盈利（payoffs）。由于每个人的策略都会影响结果，因此每个参与人都必须考虑到其他每个人，同时要意识到其他每个人也正紧盯着自己。

“策略”“参与人”“盈利”这些词语与它们在日常语言中所表达的意义大致相同。参与人即博弈的参加者，并不必定是单独的个人。倘若一群人中每个成员对博弈的结果都有完全相同的看法，则可将全体成员视为一个单独的个体。故“参与人”可以是一家公司、一个国家或者一支足球队。

博弈论中的策略是一套完整的行动计划，它刻画了参与人在所有可能情况下将采取的行动。在平常的用法中，策略被视为是与聪明沾边的东西，但这里毫无此意。正如既存在好的策略，也存在不好的策略。图1—1～图1—3描述的三个例子中，每个参与人都有两个策略——A和B，但在现实的博弈中，策略可能非常复杂，以至于都无法清楚地写出来。另外，在某些现实的博弈中，把参与人想象为使用几个不同的策略似乎是很方便的。每年都要调整价格的相互竞争的汽车公司，每走一步都要重新考虑自己位置的国际象棋棋手，是其中的两个例子。但原则上，你也可以想象成，所有这些决策都被合并起来构成一个单独的策略，而且从理论家的角度来看，这更为方便。

从而，国际象棋中一个完整的策略可以描述为："在第一步，我移到位置 A。若他移到 B，我就移到 B′；若他移到 C，我就移到 C′；若他……在我到移到 A 之后，他移到 B，于是我移到 B′，之后，若他移到 Q，则我移到Q′……"在我们进行的任何真实博弈中，几乎不可能细致地描述一个完整的策略，即便在小孩们玩的井字游戏这样简单的博弈中，都难以做到这点。不过，详细写出整个策略的现实难题，不应阻碍我们使用这一概念，正如我们算不出 1～1 000所有数字的乘积不应阻碍我们写出这个乘积的表达公式一样。

理论和实践之间的这种区别非常重要，只要比较一下棋手和理论家对国际象棋游戏的不同看法，这种区别就会十分明显。国际象棋已经存在许多世纪，但至今没有哪个人或哪台电脑能深谙此道。在电影和动画片中，胡须飘飘的棋手通常象征着深邃的思想，而且，棋手会发现对弈实在是高深莫测、诡异万端。可是在博弈理论家眼中，对弈是平淡无奇的，这一立场看起来非常荒谬，因为博弈理论家实际上并非特别好的棋手。

不过，表面的矛盾不难化解。棋局虽然很复杂，但仍是有限的，故而从原则上讲，每一盘棋局或者是（a）白棋胜，或者是（b）平局，或者（c）黑棋胜。给定足够的时间，人们便可从游戏的结局开始往前推，标明胜局、败局和平局中所有可能出现的棋局，再最终决定对弈本身是否为胜局、败局或平局。（这一技巧同时也表明了如何可以强制得到胜局或平局。）当然，在现实中这是不可能完成的任务，所以，在棋手眼中，对弈才变得如他或她坚信的那样高深。

我们用于分析“博弈”的方法与专家们分析室内“游戏”的方法也存在着差别。倘若游戏（如国际象棋）参与人有取胜策略，我们假定他将采用它；倘若参与人面临重重困难，必须采取狡猾的防守策略来获得平局，我们假定他能够发现这样的策略。简言之，我们假定参与人总能发挥出最佳状态。

在现实生活中，即使你正走向失败，如何临场发挥也会对结果产生很大影响。对付一个完美的想象的对手，你可能被击败；但对付一个现实中的人，众所周知，某些策略可诱发对手失误。卫冕国际象棋世界冠军多年的伊曼纽尔·拉斯克（Emanuel Lasker）认为，在博弈中心理因素起着非常重要的作用。他常常以略微的劣势开局，一开始让自己处在轻微劣势以迷惑对手。俄罗斯一本关于国际象棋比赛的手册也建议棋手应竭力迫使对手尽早出击，即使这样做会使先行的

棋手处于微弱劣势。在小孩子玩的井字游戏中，若双方都正确出招，结果将始终是平局。不过，有一个针对先从角落行动的实用观点：对于角落行动，只有一个回应可获得平局，即在中间行动，其他的率先行动将至少有四个充分的回应。因此，在这个意义上，角落行动是最强大的，但博弈理论家并不认同这一点。博弈理论家不讲什么“微弱劣势位置”，也不讲什么提前或延后的“出击”或“进攻”。他们无法用这些术语来分析博弈，这些术语对他们的理论来说也是多余的。简言之，博弈理论家们不会想到去利用对手的愚蠢。

既然无需非凡的洞察力就可意识到世上存在愚蠢，既然博弈理论家声称受到世界的影响，那么他们为何还有如此单纯的态度？答案很简单：意识到存在失误，远比改变一个可供人们利用的通用的、系统的理论来得容易。所以，对每一个特定博弈中的花招诡计（tricks）的研究，就留给博弈能手们了；博弈理论家们则通常比较悲观且不完美地假定，他们的对手能够无懈可击地出招。

诸如国际象棋、西洋棋、井字游戏以及围棋这样的博弈，称为完美信息博弈，因为每个参与人在任何时候都对局势发展了解得清清楚楚。这些博弈很少引起概念性问题，故此处不做讨论。而在扑克和桥牌这样的博弈中，参与人在某种程度上躲在暗处，在这个意义上博弈将会复杂得多。即便在赌硬币这样稀松平常的博弈中，参与人必须在不知道对手如何出招的情形下选择自己的策略，这都会增加额外的复杂性。

博弈论一个迷人的特性是，许多问题无需任何特殊的技术背景便可立即弄清楚。诸如“零和”“囚徒困境”之类的术语已进入经济学和社会科学词汇库。第 5 章和第 6 章提及的问题，无论对于行家还是对于门外汉，都特别有吸引力。因为大部分材料都是读者可以获取的，所以许多问题均列在每章开头而不是结尾，请尽量在你的思维受到内容影响之前阅读并思考这些问题。它们通常无需太多的计算技巧，但确实需要思考。这种预先思考将使阅读本书更富挑战性。

# 第2章

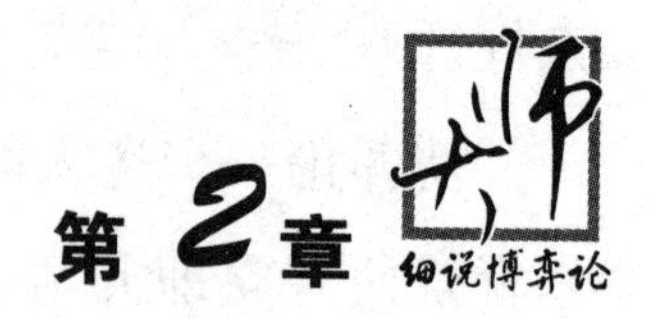


# 存在均衡点的二人零和博弈

## 问题导入

图 2—1～图 2—4 展示了某类博弈的几个变体。请花一点时间想想你在每种情况下会怎么做，并猜猜可能的结果是什么。若读者能先思考一下本章材料涉及的思想，它们就会更为有趣。

下列每一个矩阵都代表了一种博弈。我将详细地描述博弈 1 是怎样进行的，其他博弈模型与此雷同。

你选择 A、B 或 C 中的一行，同时，你的对手选择Ⅰ、Ⅱ或Ⅲ中的一列，在选择时双方都不知道对方选择了什么。行与列交叉位置上的数字表示对手支付给你的美元金额。从而，若你选择行 A 而对手选择列Ⅲ，则你将从她那里赢得 1 美元。（若对手选择列Ⅱ，则你要付给她 2 美元，因为数字为负。）在这里以及在本书中，你可以假设对手清楚博弈规则，且和你一样聪明。记住，你必须考虑对手的想法——若选择 C 则你有可能得到最大值 7，但对手会配合性地选择列Ⅱ吗？所以请再想一想：你会怎样做？为什么要这样做？这样做的博弈结果会是什么？

你的对手

| 你 | Ⅰ | Ⅱ | Ⅲ |
|---|---|---|---|
| A | 5 | −2 | 1 |
| B | 6 | 4 | 2 |
| C | 0 | 7 | −1 |

**图 2—1**

你的对手

| 你 | Ⅰ | Ⅱ | Ⅲ |
|---|---|---|---|
| A | −2 | 1 | 1 |
| B | −3 | 0 | 2 |
| C | −4 | −6 | 4 |

**图 2—2**

你的对手

| 你 | Ⅰ | Ⅱ | Ⅲ | Ⅳ |
|---|---|---|---|---|
| A | −3 | 17 | −5 | 21 |
| B | 7 | 9 | 5 | 7 |
| C | 3 | −7 | 1 | 13 |
| D | 1 | −19 | 3 | 11 |

**图 2—3**

你的对手

| 你 | Ⅰ | Ⅱ | Ⅲ |
|---|---|---|---|
| A | 2 | −5 | −2 |
| B | 3 | −1 | −1 |
| C | −3 | 4 | −4 |

**图 2—4**

想象一下，在上述四个博弈中任选一个，若你事先知道对手的策略，你会怎么做（依次考虑他或她的每一个策略）？若你的选择依存于对手的选择，那么，当你不清楚他或她会怎么做时，你又怎样进行博弈呢？

图 2—5 刻画了一个类似的博弈，但其中省略了某些盈利（矩阵项）。就算你不清楚这些未给出的盈利，你还能推测何种情况会发生吗？

| | | 你的对手 | | |
|---|---|---|---|---|
| | | Ⅰ | Ⅱ | Ⅲ |
| 你 | A | ? | ? | 3 |
| | B | ? | ? | 4 |
| | C | 7 | 6 | 5 |

**图 2—5**

1943 年 2 月，盟军西南太平洋空军司令官乔治·丘吉尔·肯尼（George Churchill Kenney）将军遇到了如下问题：日本人要补给他们在新几内亚岛的军队，并且其备选路线是二择一。他们可以驶过新不列颠岛北面，那里正阴雨绵绵；或者驶过新不列颠岛南面，那里天气相当不错。无论行驶哪条线，航程都要 3 天，肯尼将军必须决定将战斗机群集结到何处。日本人希望其舰船尽可能少地暴露在美军的轰炸机下，而肯尼将军想要的显然刚好与日本人相反。图 2—6 中矩阵项代表了轰炸暴露的预期天数。

| | | 日本人的选择 | |
|---|---|---|---|
| | | 北方路线 | 南方路线 |
| 盟军的选择 | 北方路线 | 2 天 | 2 天 |
| | 南方路线 | 1 天 | 3 天 |

**图 2—6**

在此类博弈中做决策，要比在第 1 章提及的博弈中做决策更加困难。这种博弈与象棋对弈的关键区别在于，此处的

参与人是缺乏信息的。两个参与人必须同时决策，彼此在做决策时皆不知道对方的策略。不过，这种特定博弈模型的分析非常简单。乍一看，盟军有一个问题：对于他们来说，同日本人保持一致的路线是最好的，可是当他们做决策时并不知道日本人走哪条路线。然而，当你从日本人的视角来看的时候，问题立刻就解决了。无论盟军怎样做，对日本人来说，暴露时间最短的都是北方路线，因此他们的行动是清晰的。一旦解决了这一点，盟军的决策也立刻变得清晰：向北。

最后这个例子是一个存在均衡点的二人零和博弈例子。“零和”（或者说“常和”）这个术语表明，参与人有直接相反的利益。这个术语源于扑克牌之类的室内游戏，在这类游戏中，桌子周围的钱是固定金额的。若你要赢得一些钱，其他人就必须输掉同等金额的钱。两国间的贸易则构成非零和博弈，因为双方都可同时从贸易中获益。均衡点指的是，和一对决策有关的博弈的稳定结果。该结果之所以被认为是稳定的，原因在于，任何一个参与人若单方面另选新的策略，都会因这一变化而伤及自身。

## 政治例子

在某个大选年度，两大主要政党都正在起草其竞选纲领。X州和Y州在有关水权的某些问题上存在分歧。两大政

党都必须决定自己是支持X还是支持Y，或者干脆回避这个问题。两大政党将各自开会讨论定案，并同时公开宣布他们的决定。

X州和Y州之外的选民对上述问题毫不在意。在X州和Y州，可以从过去的经验中预测全体选民的投票行为。按照惯例，本党成员在任何情况下都会支持他们的政党。而其他人则会投票给支持他们本州的政党，或者若两个政党在该问题上采取相同的态度，他们就简单地弃权。两个政党的领袖推测了各种可能发生的情况，得到了如图2—7所示的矩阵。矩阵项表示的是，若双方政党都跟随指示的策略，则政党A将会得到的选票比例。若A支持X而B回避这个问题，A将会获得40%的选票。

| | | 政党B的决定 | | |
|---|---|---|---|---|
| | | 支持X | 支持Y | 回避问题 |
| 政党A的决定 | 支持X | 45% | 50% | 40% |
| | 支持Y | 60% | 55% | 50% |
| | 回避问题 | 45% | 55% | 40% |

**图2—7**

这是最简单的二人零和博弈例子。尽管两大政党对于断定选民如何投票都颇有一手，但这里努力推测对手会如何做是没有什么意义的。因为不管A做什么决策，B的最佳选择就是回避这个问题；不管B做什么决策，A的最佳选择就是支持Y州；博弈的可推测结果便是平分秋色。倘若由于某些原因，其中一个政党偏离了原定策略，这对另一方的行动

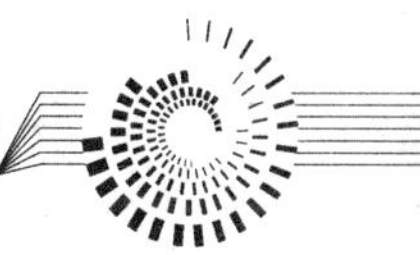

将毫无影响。如果将百分比稍作变动，如图2—8所示，情况就会变得更加复杂。

| | | 政党B的决定 | | |
|---|---|---|---|---|
| | | 支持X | 支持Y | 回避问题 |
| 政党A的决定 | 支持X | 45% | 10% | 40% |
| | 支持Y | 60% | 55% | 50% |
| | 回避问题 | 45% | 10% | 40% |

**图2—8**

现在政党B的决策多了一点点困难。若它认为政党A会支持Y州，则它就应该回避这个问题；反之，则它应支持Y州。但这个问题的答案实际上并不遥远。对于B来说，A的决策非常明确并且轻易就可解读出来：支持Y州。除非政党A很愚蠢，否则B应该意识到获得90%选票的可能性微乎其微——的确，根本就没有现实可能性，回避这个问题是其最佳做法。

这与肯尼将军必须面对的情形是一样的。从表面上看，北方路线和南方路线似乎都是合理的策略。但是阴雨绵绵的北方路线显然更有利于日本人，这就意味着，对于盟军来说，选择北方路线是唯一的合理策略。

图2—9中，两个参与人都没有明显占优的策略。在此种情形中，双方都必须思考一下，每个参与人的决策制定都取决于他或她预期对方会如何行动。若B选择回避问题，则A也应该这么做；否则，A就应该支持Y。另一方面，若A支持Y，B就应该支持X；否则，B就应该支持Y。

| | | 政党B的决定 | | |
|---|---|---|---|---|
| | | 支持X | 支持Y | 回避问题 |
| 政党A的决定 | 支持X | 35% | 10% | 60% |
| | 支持Y | 45% | 55% | 50% |
| | 回避问题 | 40% | 10% | 65% |

**图 2—9**

再次可见，博弈的基本结构并不难分析。虽然 B 最初并不清楚该做什么，但不该做什么却是显而易见的：无论 A 做什么，B 都不可以选择回避问题；若 B 选择支持 X 而不是选择回避问题，则他或她就会比 A 做得更好。一旦这一点成立，很快就可以得到结论：A 应选择支持 Y，且 B 最终应选择支持 X。A 注定以得到 45%的选票而告终。

这两个策略——A 支持 Y 和 B 支持 X——非常重要，以至要给它们取个名字：均衡策略。运用这两个策略所导致的结果——A 获得 45%的投票——被称之为均衡点。

那么何谓均衡策略？何谓均衡点？若存在两个策略（它们成对出现，每个参与人运用一个），若任何一方参与人都不能通过单方面改变其策略而增进好处，则这两个策略就被称为均衡策略。与均衡策略相应的结果（有时称为盈利），被定义为均衡点。顾名思义，均衡点是很稳定的。在二人零和博弈中，任何时候，只要参与人选择了均衡点，他们就没有理由背离该点。在最后一个例子中，若 A 事先获悉 B 会支持 X，则 A 仍然会支持 Y；而且，与此同理，若 B 获悉 A 会支持 Y，他或她也不会改变策略。均衡点有可能不止一

个，若存在多个均衡点，它们应有相同的盈利。

这一点在二人零和博弈中是正确的，在 $n$ 人非零和博弈中也可用均衡策略和均衡点表述，但上述命题并不是特别支持这一点。比如，在一个二人非零和博弈中，均衡点并不必定有相同的盈利；对双方参与人来说，某个均衡点有可能比其他均衡点更具吸引力。第 5 章关于囚徒困境的小节将对此进行详细讨论。

只要存在均衡点，就很容易找到它们。如图 2—9 所示的博弈中，假设 B 事先获悉 A 的策略。既然 B 会选择 A 所选任意行中的极小值，则 A 就应该选择极大化这些极小值的策略；这个值即所谓的极大化极小值，它是 A 至少可以确保得到的值。在这个博弈中，A 若分别选择“支持 X”“支持 Y”和“回避问题”，这些极小值就分别是 10、45 和 10，而极大化的极小值就是 45。

现在设想规则发生了改变，A 提前获悉了 B 的策略。由于预料到 A 会选择任何一列的极大值，所以 B 应该选择极小化这些极大值的列，这样的选择结果称为极小化极大值。这个博弈中，与 B 的“支持 X”“支持 Y”和“回避问题”等策略相联系的极大值分别是 45、55 和 65，故极小化的极大值为 45。

若极小化极大值与极大化极小值相等，则该盈利就是均衡点，与之对应的策略就是均衡策略对。

均衡点及其对应的均衡策略一旦被指出来，可以很容易识别。与均衡点相联系的盈利是其所在行中最小的值并且是其所在列中最大的值。图 2—10（图 2—9 的复制）中，均衡盈利 45，正是其所在行中最小的值且其所在列中最大的值。

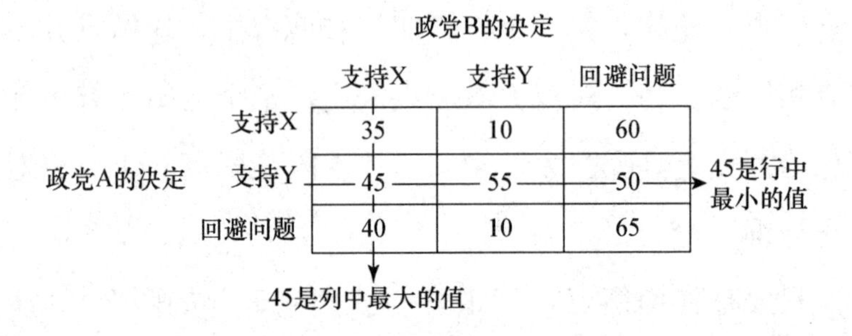


**图 2—10**

若二人零和博弈中存在均衡点，便可说该均衡点是问题的解。理性参与人将采用均衡策略，且最终结果应是与均衡点联系的盈利——博弈值。刚才讨论的博弈中，对于参与人 A 和 B 来说，均衡策略分别是“支持 Y”和“支持 X”，而博弈值就是 45。之所以将均衡点视为问题的解，理由如下：

1. 运用其均衡策略，参与人可至少获得博弈值。如图 2—10 所示的博弈中，若 A 选择“支持 Y”，则无论 B 怎么做，A 至少可以获得 45。

2. 运用自己的均衡策略，对手可以阻止参与人获得大于博弈值的盈利。通过选择“支持 X”，无论 A 怎么做，B 都可以将 A 的盈利限制在 45。

3. 由于博弈是零和的，对手将积极最小化参与人的盈利。当 A 获得 45 时，B 获得 55；若 A 获得更多，就必须源于 B 获得更少。

存在均衡点的博弈中，那些与任何均衡策略皆无关的盈利对结果将没有影响。图 2—10 中，若将两个为 10 的盈利和盈利 60、65 以任何方式对换，参与人都应选择之前的均衡策略，并且最终结果也应该是一样的。

## 占　优

通过剔除劣势策略简化博弈，通常是可能的。

如果（a）参与人的策略 A 带来的盈利总是至少和策略 B 的盈利一样多（无论其他参与人怎么做），并且（b）至少在某些时候，策略 A 比策略 B 更好，则策略 A 就占优于策略 B。例如，考虑如图 2—11 所示的博弈：

| | | 你的对手 | | |
|---|---|---|---|---|
| | | Ⅰ | Ⅱ | Ⅲ |
| 你 | A | 7 | 9 | 8 |
| | B | 9 | 10 | 12 |
| | C | 8 | 8 | 8 |

**图 2—11**

对你来说，策略 B 占优于策略 A 和策略 C，因为它总是带给你更高的盈利。你对手的策略Ⅰ占优于策略Ⅱ和Ⅲ（请回忆矩阵项表示的是对手支付给你的金额，他或她当然希望金额越少越好）。虽然你的对手选择Ⅰ并不总是比选择Ⅱ或Ⅲ更好，但他或她这样做至少可以达到一样好，而且有时确实会更好。

无论何时，在你分析零和博弈的时候，你都可以假设：

1. 你绝不会选择劣势策略——当你使用某个占优策略可以做得至少一样好时，为什么要使用劣势策略呢？

2. 你的对手绝不会选择劣势策略——这与你不会选择劣势策略的原因完全一样。

事实上，若你的对手选择了一个劣势策略，你只会喜出望外——你将会采取你的对手选择占优策略时你本来要采取的策略，实际上你早已选定那个策略了。

对于每一个参与人，如果所有策略中仅有一个不是劣势策略，均衡点就可以计算出来。不妨考虑如图 2—12 所示的例子：

你的对手

| | | Ⅰ | Ⅱ | Ⅲ |
|---|---|---|---|---|
| | A | 19 | 0 | 1 |
| 你 | B | 11 | 9 | 3 |
| | C | 23 | 7 | −3 |

**图 2—12**

在这个博弈中，一开始你并没有劣势策略；但对于你的对手来说策略Ⅲ优于策略Ⅰ，所以你可以将策略Ⅰ剔除；剔除策略Ⅰ之后，策略 B 将占优于策略 A 和 C，于是策略 A 和 C 将被剔除，然后策略Ⅲ就占优于策略Ⅱ了。仅剩的非劣势策略 B 和Ⅲ，组成了均衡策略对，而博弈值为 3。

回头翻翻早前的例子，我们可发现大量的劣势策略。图

2—6中，对于日本人来说北方路线占优于南方路线，剔除日本的南方路线之后，同理我们可剔除盟军的向南路线。图2—7中，“支持Y”的策略占优于A的其他所有策略，而“回避问题”占优于B的其他所有策略。最后，图2—9中，对B来说“支持X”占优于“回避问题”，对A来说“支持Y”占优于其他所有选择，而对B来说“支持X”占优于“支持Y”。

若博弈存在均衡点，则很容易选择合适的策略并推定最后结果。但是，若不存在均衡点，又将如何？我们以图2—13所示的赌硬币的简单博弈为例来说明。

| | | 对手 | |
|---|---|---|---|
| | | 正面 | 反面 |
| 你 | 正面 | −1 | +1 |
| | 反面 | +1 | −1 |

**图2—13**

由于没有任何一个策略是劣势的，且不存在均衡点，因此很难看出你如何才能理性地进行这个博弈，试图为这样的博弈建立理论看似徒劳。冯·诺依曼和摩根斯特恩（Von Neumann and Morgenstern，1953）对此问题是这样表述的：

> 让我们设想存在一个完备的二人零和博弈理论，该理论告诉参与人应该怎么做，而且它是绝对可信的。若参与人知道这样一个理论，则每个参与人都不得不假设其策略已被对手发现。对手知道这个理论，而且，他知

道若参与人不遵循这个理论将是不明智的。因此，假设存在一个令人满意的理论，就使得我们对玩家的策略被对手“发现”这一情况的研究变得合理了。（第 148 页）

但这里有个悖论：若我们成功地建立起一套理论指明哪个策略是最佳的，则聪明的对手会利用一切我们所能获得的信息，以同样的逻辑推演出我们的策略。于是对手可以吃定我们，并获得胜利。因而，运用这套理论推荐的“优先”策略可能是致命的。

不过，我们确实可以建立一套理论，让大家在这类博弈中更明智地出招。这样的理论将是下一章的重点。

## 问题的解

1. 你的对手应该看出来，你的策略 B 占优于策略 A——也就是说，无论对手怎么做，你选择 B 都是更好的。一旦你的对手将策略 A 排除在可能的策略之外，其最佳选择就是策略Ⅲ；再反过来，你选择策略 B 确实是最好的。策略Ⅲ和策略 B 是建议策略，而你应得到的盈利为 2。

2. Ⅰ和 A 是建议策略，而你将应得到的盈利为 2。

3. B 和Ⅲ是建议策略，而你将应得到的盈利为 5。

4. B 和Ⅲ是建议策略，而你将应得到的盈利为 1。

在 1～4 的每一个博弈中，即便双方参与人事先向对手公开自己的策略，也不会招致损失。

5. 无论缺失处盈利数值是多少，若你选择策略 C 便可确定得到金额为 5 的盈利，而你的对手若选择策略Ⅲ则可以确定损失不超过 5。由于任何一方都可强制使盈利为 5，故无论缺失处盈利值是多少，这似乎都是该博弈的合理结果。

# 第3章

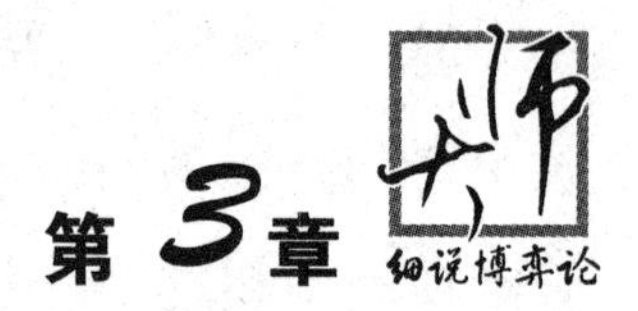


# 一般的二人零和博弈

## 问题导入

上一章列举的几个博弈模型中，参与人的命运某种程度上都在对手掌握之中。这些模型都有一个均衡点，因此每个参与人全力以赴赢取博弈价值，这毫不意外。在本章，所有的博弈模型都没有均衡点，要想获得属于你的盈利，必须认真地推断对手的行动。

1. 现实中的扑克游戏太复

杂，难以分析，故现实的比赛中一般靠感觉和经验来进行决策。图3—1呈现了一个简化的扑克游戏，（凭你的直觉）想想你和你的对手将会选择什么策略，并猜猜结果。

你和对手分别投掷一枚硬币，硬币一面是“1”，另一面是“0”。看过你自己的那枚硬币后，你可以选择“下注”（bid）或者“过”（pass）。如果选择过，掷出数字大的一方将从另一方赢得2美元；如果掷出的数字一样大，双方都不用付钱。如果选择了下注，你的对手可以选择“开牌”（see）或者“埋牌”（fold）。如果你的对手选择埋牌，你将赢得11美元；如果你的对手选择开牌，数字大的一方将赢得12美元。（同样，若是平局，双方都不用付钱。）

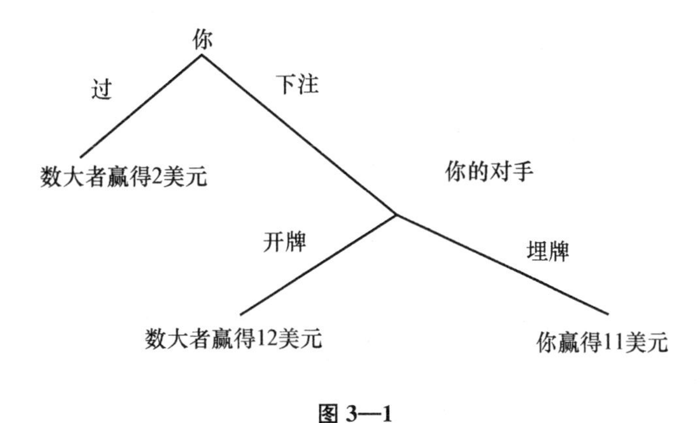


**图3—1**

2. 两个走私犯正要从某国唯一的机场或者唯一的港口逃跑，两个警察奉命逮捕他们。如果两个警察共同看守一个出口，而走私犯从另一个出口逃跑，他们可以运100磅违禁品离境；如果每个警察看守着一个出口，而两个走私犯同时从一个出口逃跑，他们可以运 70 磅违禁品离境；如果一个走私犯从没有警察看守的出口逃跑，他可以运 50 磅违禁品离境；如果某个出口警察和走私犯的人数一样多，则不能将违禁品运送出境。假设警察的目标是尽可能阻止违禁品出境，而走私犯的目标是尽可能多地运出违禁品，他们应该各自采取何种策略？可以运出多少违禁品？（见图 3—2）

| 机场中走私的数量 \ 机场中警察的数量 | 0 | 1 | 2 |
|---|---|---|---|
| 0 | 0 | 70 | 100 |
| 1 | 50 | 0 | 50 |
| 2 | 100 | 70 | 0 |

**图 3—2**

3. 某公司的现金存放在两个相距甚远的保险柜里，其中一个保险柜里有 90 000 美元，另一个保险柜里有 10 000美元。一个盗贼计划潜入一处行窃，让他的同谋去弄响另一处的警报。警卫只来得及检查一个保险柜，如果他检查的保险柜不是被盗的那个，公司将损失另一个保险柜中存放的现金；如果他检查的保险柜恰好是盗贼的目标，盗贼将空手而归。老练的盗贼更有可能去哪个保险柜行窃？概率有多大？警卫应该怎么做？平均多少钱可能被窃？

4. 四人一组的桥牌比赛中，你所在的小组目前领先对手，比赛只剩下最后一局了。如果你和来自其他房间的对手在最后一局达到相同的定约，那么你将赢得比赛；如果其中一个小组叫到几乎不可能的满贯，而另一个小组只叫到一局，那么叫到满贯的那个小组有10%的机会赢得比赛。你和对手将分别采用何种策略？结果会怎样？（见图3—3）

（注意：矩阵中的数字表示你赢得比赛的概率。）

| | | 对手的叫牌 | |
|---|---|---|---|
| | | 满贯 | 一局 |
| 你的叫牌 | 满贯 | 1 | −1 |
| | 一局 | −9 | 1 |

**图3—3**

上一章讨论的二人博弈模型均衡点分析起来比较简单，博弈中每个参与人只需选择最优策略，即可确保获得博弈价值。本章的情况略复杂，除了最简单的零和博弈之外，实际中出现的博弈模型都不存在均衡点。这就产生了新的难题。艾伦·波（Allan Poe，1902）在《失窃的信》（*The Purloined Letter*）中讨论了一种非常简单的游戏，将他的方法同冯·诺依曼提出的方法（后文中将会提到）进行比较会很有意思。先来看看波的小说：

“有一个8岁的小学生在‘猜奇偶数’的游戏中经常赢，这让他大受赞佩。游戏规则很简单，要用弹珠来玩。一位玩家拿一些弹珠在手上，让另一个人去猜他拿着的弹珠是奇数还是偶数。如果他猜对了，他就赢得一个弹珠；如果猜错了，他就输掉一个。听说这个男孩把他学校所有人的弹珠都赢了个遍。当然他的猜法是有些道理的，但靠的只是观察，以及估计对手的聪明程度。

如果他的对手是一个大傻瓜，举起手问道：‘是奇数还是偶数?’男孩回答：‘奇数。’结果他输了；但是下一轮他就会赢，因为他告诉自己：‘那个傻瓜第一次手里拿着的弹珠是偶数，就他那点智商，最多把弹珠换成奇数，所以我要猜奇数。’于是他第二次猜奇数，结果赢了。现在，他遇到的另一个傻瓜比之前那个要聪明一点，于是他这样推测：‘这个家伙发现我第一轮会猜奇数，那么根据上一次的结果，他会像上一个傻瓜那样做一个简单的变换，从偶数变成奇数。然后他就会觉得这种变换太简单了，最后他还是决定拿偶数，就和第一次一样。所以我要猜偶数。’于是他猜偶数，结果又赢了。他的朋友都说他运气好，他这种推理模式究竟是怎样的呢?”

我说：“这不过是推理的人设身处地感知对手的智力罢了。”

迪潘说：“确实如此。我问这个男孩，他怎样才能感知到对方的智力，他回答说：‘如果我想知道一个人究竟是聪明还是笨、是好还是坏，或者想要知道他当时的想法，我尽量模仿那个人的表情，然后看看我心里会冒出什么想法和感觉才会配得上这样的表情。’”（第123页）

“作为一个诗人兼数学家，他能很好地进行推理；但如果仅仅作为一个数学家，他根本无法进行推理，所以只能听由地方官的摆布了。”（第127页）

如果一开始就把这个问题看得深入一些，就更容易用冯·诺依曼的方法来研究这个问题。请你把自己置身于波笔下那个了不起的神童的对手的角度。

你简直毫无胜算，你能想到的每一种情况那个男孩也能想到。你试图欺骗他，手里拿着奇数，但却装出一副“拿着偶数的表情”。但是，你怎么知道你做出拿着偶数个弹珠的表情，是不是真的拿着奇数个弹珠而看起来像拿着偶数个弹珠时的表情呢？或许你看起来像拿着偶数个弹珠，心里也默念着偶数，最后也（狡猾地）真的拿了偶数个弹珠。但还是那句话，你绝顶聪明地想到了一个复杂的计划，难道别人就不会同样聪明绝顶地看穿你吗？这样的推理可以一直进行到后面很多步，你再怎么冥思苦想也无济于事。

图 3—4 呈现的是这个游戏的盈利矩阵，矩阵的数字表示你从男孩那里赢得弹珠的个数（如果数字是负的，表明你输掉的弹珠个数）。

| | | 神童 | |
|---|---|---|---|
| | | 偶数 | 奇数 |
| 你 | 偶数 | −1 | +1 |
| | 奇数 | +1 | −1 |

**图 3—4**

现在让我们先不管男孩的洞察力有多强，假设你已经做好了最坏的打算——他聪明到每一局都能预测你的想法。这等于你事先申明了将要采取的策略，而男孩可以随意利用这些信息。这种情况下你做什么都于事无补，不管你选择的是偶数还是奇数，结果都会输掉一个弹珠。所以，如果这位神

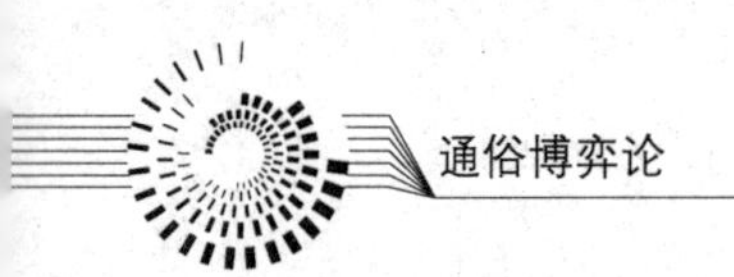


童有完美的判断力，似乎你就注定会输掉了。当然，最坏也就是这样了，但是你能做得更好吗？

事实上，尽管对手绝顶聪明，你也有办法做得更好！这个方法有点讽刺，正如我们第二次引用波的话，这个办法是：根本不去推理。想知道为什么吗？且听下文分解。

之前说过，你只有两个选择：拿偶数个弹珠或拿奇数个弹珠。某种意义上，这种说法没错，二者你终究会选择其一。但从另一方面来看，这又不对，因为你还有很多种方法来做出选择。虽然看起来有意义的只是决策本身，决策方法似乎无关紧要，但事实上决策方法非常关键。你当然可以总是选择纯策略：奇数或偶数。但是，你也可以借助于随机选择工具，例如骰子或转轮，来帮你做出决定。比如说，你可以掷骰子，若六点朝上，就选偶数，否则就选奇数。这种通过随机选择工具来选择一种纯策略的策略称为混合策略。

另一方面，你可以采用的策略不止 2 个，而是无数个混合策略：以 $p$ 的概率拿奇数个弹珠，$1-p$ 的概率拿偶数个（$p$ 介于 0～1 之间）。简言之，如果游戏进行无数次，$p$ 就等于拿奇数个弹珠的次数所占的比重。纯策略——“只选奇数”或“只选偶数”——分别是 $p$ 等于 0 或者 1 时的特例。

再回到《失窃的信》这篇小说，假设你有一半的时间选择偶数，你可以抛硬币来决定你的选择，抛出硬币正面时就选奇数。假设男孩猜 $p$ 等于 1/2，或者你也可以直接告诉他，但除此之外，他从你这里得不到更多的信息——因为你也只知道这么点。这种情况下，除非他的能力超过波的想象，否则他也无法预测每次硬币掷出的结果。当你采用混合策略时，无论对手做什么，结果都是一样，那就是平均来说，你有一半的机会能赢。

综上所述，在原来的博弈里，对手异常精明，把你玩弄于股掌之间；现在你把这个博弈转化成了对手根本无法控制结局的博弈。你轻而易举就可以获得上述盈利，是不是说如果你策略性地行动将会获得更高的盈利呢？答案是否定的。你不可能获得更高的盈利。原因显而易见：对手也能采用你刚才的做法。通过借助于随机选择工具，他也能保证自己有一半赢的机会。因此每个参与人都会发现，没有人可以获得任何优势。

如果不采用非随机化策略，参与人就有可能获得更高的盈利。例如波讲的那个游戏，如果一个参与人有预测对手行动的才能，那他就会利用这种才能。如果对手不知道随机化策略（或者说，他误以为比你精明），那你就可以利用他的无知。不过，这点优势经不起推敲：博学的对手肯定会让这点优势化为乌有。

值得注意的是，在猜奇偶博弈之中，只要有一个参与人选择了随机策略，不管对手玩得多好，平均而言他或她都不会输；不管对手玩得多差，他或她也不会有更高的盈利。你的对手越厉害，随机策略就越有吸引力。

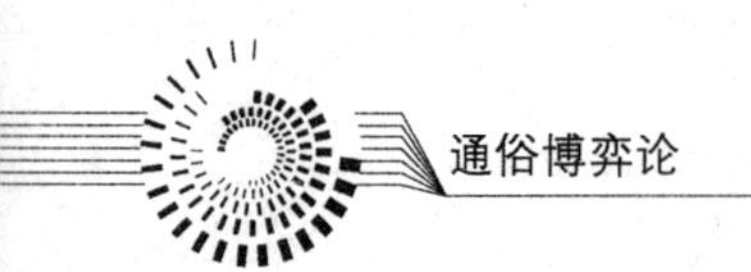


分析猜奇偶博弈所用的推理原理也适用于更复杂的情形。

## 一个军事应用

A、B 为敌军的两个据点，将军 X 准备攻击其中一个或两个，将军 Y 必须抵御敌人的进攻。将军 X 可调配 5 个师，而将军 Y 只能调配 3 个师。每个将军都要兵分两路，分别派到两个据点，双方均不知道对手的行动，因而结局在双方做出策略选择时就已经确定了。往某一据点出兵多的一方会赢得那场战斗的胜利，如果双方往某一据点派的兵力相同，双方获胜的概率各一半。假设每个将军都期望获得尽可能大的胜利，他应当怎么做？结果又会如何？

矩阵表（图 3—5）中的数字表示将军 Y 获胜的平均次数。例如，如果将军 Y 派 2 个师到 A 点，将军 X 也派 2 个师到 A 点，那么将军 Y 在 A 点获胜的概率为 1/2，此时将军 X 和将军 Y 在 B 点的兵力为 3∶1，将军 Y 在 B 点肯定会吃败仗。

| 将军Y的策略 A点分派兵力 \ 将军X的策略 A点分派兵力 | 0 | 1 | 2 | 3 | 4 | 5 |
|---|---|---|---|---|---|---|
| 0 | 1/2 | 0 | 1/2 | 1 | 1 | 1 |
| 1 | 1 | 1/2 | 0 | 1/2 | 1 | 1 |
| 2 | 1 | 1 | 1/2 | 0 | 1/2 | 1 |
| 3 | 1 | 1 | 1 | 1/2 | 0 | 1/2 |

图 3—5

先从将军Y的角度来看待这个问题。假设他是一个悲观主义者，他认为将军X会完全预测到他的行动，无论他采用什么策略都会吃败仗，因为将军X往A点派的兵力总会比他多一个师，在B点也同样如此。也就是说，极大化极小值为0。

现在假设将军Y决定采取混合策略，他要用某种随机发生器来做决定。假设将军X可以猜到这个随机发生器到底是什么（也就是能猜到选择每个策略的概率），但是无法预测到投掷硬币或旋转轮子的实际结果。比如说，假设将军Y把所有的师派到A点的概率是1/3，把所有的师派到B点的概率是1/3，向A点派1个师并且向B点派2个师的概率是1/6，反过来配置的概率也是1/6。①将军X猜到了将军Y的策略，他只需要逐个检查他自己的6个策略分别会产生怎样的结果，然后再挑选盈利最大的那个。通过简单的计算可以得出，如果将军X不将所有师派到一个据点，他平均可获得15/12场胜利（相应地，将军Y平均获得7/12场胜利）；反之，他将获得11/6场胜利。

从中我们可以推断出什么呢？无论将军X有多聪明，将军Y都能合理地预测到他能获得7/12场胜利。事实上，即使他事先告诉将军X他要采取的策略，他也能获得7/12场胜利。但是他应该就此满足吗？要回答这个问题，让我们从将军X的角度来看待。

① 这里我着重描述冯·诺依曼解的重要性和意义，后面还会就计算策略的方法和博弈的盈利进行讨论，所以请允许我在这里先把解展示出来。

从一开始就很明显，如果将军 X 采取一种纯策略，将军 Y 知道了这个策略，他们将分别获得一场胜利。当把这 5 个师派到两个不同据点时，某一个据点上肯定只会有两个师或者更少。如果将军 Y 把 3 个师全部派到将军 X 所派兵力较少的那个据点，他恰好可以获得一场胜利（没有办法获得更大的战果了），也就是说，极小化极大值为 1。

但是现在假设将军 X 往 A 点派 1、2、3、4 个师的概率分别是 1/3、1/6、1/6、1/3，余下的兵力派到据点 B。（稍微想一下就会明白，他绝对不会把 5 个师全部派到一个据点。）无论将军 Y 做什么，结果都是一样的：将军 Y 获得 7/12场胜利。

简单来说，在没有对手的帮助，并且对手不出错的情况下，两位将军最少可以获得前述战果：将军 Y 平均获得 7/12场胜利，将军 X 平均获得 15/12 场胜利。这样就能得出之前那个问题的答案：在精明的对手面前，两位将军都无法获得更大的胜利。

## 一个营销案例

两家公司正准备在市场上销售相互竞争的产品。公司 C 的广告预算足够买下两个时段的电视广告，每个时段为一小时，但公司 D 的广告预算足够买下三个时段。一天可以划分成三个基本时期：上午、下午和晚上，分别以 M、A 和 E

表示；时段必须预先秘密地购买；50%的观众在晚上收看电视，30%在下午收看，余下的20%在早上收看。（为了简化，假设这三个时段以外没有电视观众。）

在任何一个时段中，如果一家公司买下的时间多于其竞争对手，它将吸引在这个时段收看电视的所有观众。如果两家公司在某时段买下的广告时间一样多——或者如果两家公司都没有买——每家公司各自吸引住一半观众。每一个观众只买其中一家公司的产品。两家公司应该如何分配其广告时间？每家公司的期望市场份额是多少？

博弈的盈利矩阵如图3—6所示。公司C所要采取的策略（共6个）由两个字母表示，MA表示上午和下午各打一小时广告。类似地，公司D的10个策略可用三个字母表示。矩阵中的数据表示的是公司D的市场占有率，公司C获得余下的市场份额。

| | | 公司C的策略 | | | | | |
|---|---|---|---|---|---|---|---|
| | | EE | EA | EM | AA | AM | MM |
| 公司D的策略 | EEE | 75 | 60 | 65 | 60 | 50 | 65 |
| | EEA | 65 | 75 | 80 | 60 | 65 | 80 |
| | EEM | 60 | 70 | 75 | 70 | 60 | 65 |
| | EAA | 40 | 65 | 55 | 75 | 80 | 80 |
| | EAM | 50 | 60 | 65 | 70 | 75 | 80 |
| | EMM | 35 | 45 | 60 | 70 | 70 | 75 |
| | AAA | 40 | 40 | 30 | 65 | 55 | 55 |
| | AAM | 50 | 50 | 40 | 60 | 65 | 55 |
| | AMM | 50 | 35 | 50 | 45 | 60 | 65 |
| | MMM | 35 | 20 | 35 | 45 | 45 | 60 |

**图3—6**

这里解释一下这些数据是怎样得到的。假设公司D选择的策略是EMM——晚上一小时、早上两小时，公司C选择

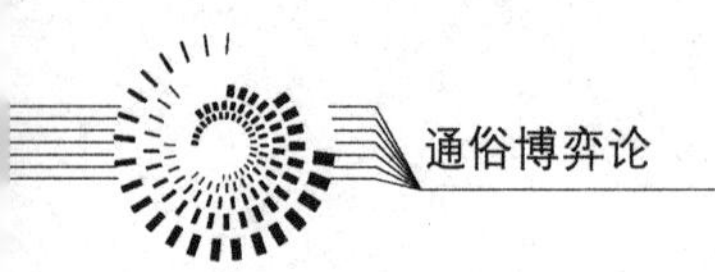


的策略是 EM——晚上一小时、早上一小时。由于公司 D 在早上的时候买下两小时，而公司 C 买下一小时，公司 D 将吸引住早上收看电视的 20%的观众。由于两家公司均买下了晚上一小时广告时间，且下午没有投放任何广告时间，两公司平分 50%和 30%的市场。也就是说，在这样的策略组合下，公司 D 会获得 60%的市场。

## 营销案例的解

应当注意到，策略 EEM 占优于 AMM、MMM 和 AAA 这三个策略，策略 EAM 占优于 EMM 和 AAM 这两个策略，也就是说，公司 D 后面的五个策略可以忽略。在这之后，策略 AM 占优于策略 MM。（如果公司 D 选择策略 AAM，公司 C 采用策略 MM 的盈利高于采用策略 AM，但是这之前已经确定公司 D 不会选择策略 AAM。）于是，这个博弈简化到每个参与人只有五种策略选择。

这个问题的一个解（再一次地，这里先不讲具体解法）是公司 D 以 1/3 的概率分别实施策略 EEE、EEA、EAM、公司 C 以 6/15 的概率实施 EE、5/15 的概率实施 AA、4/15 的概率实施 AM。如果公司 D 采用上述策略，可以确保其获得至少平均 $63\frac{1}{3}$%的观众，如果公司 C 采用上述策略，公司 D 不能获得比这更多的观众。

## 简化的扑克游戏

A 和 C 各拿出 5 美元作为赌注放在桌上，然后投掷一枚硬币，硬币的一面是 1，另一面是 2。双方均不知道对方投掷的结果。

A 先选择，她可以选择过或者下注 3 美元。如果她选择过，两个人比较投掷出数字的大小。数字大的那一方将赢得桌上的 10 美元，倘若数字一样，则各自取回 5 美元。

如果 A 选择下注 3 美元，C 可以选择开牌或者埋牌。如果 C 埋牌，那么不管投掷出的数字是多少，A 都将赢得桌上的 10 美元。如果 C 选择开牌，那么他在桌上已有 13 美元的基础上再加注 3 美元；然后再比较数字大小，数字大的那一方将赢得 16 美元，倘若数字一样，双方各自取回筹码（见图 3—7）。

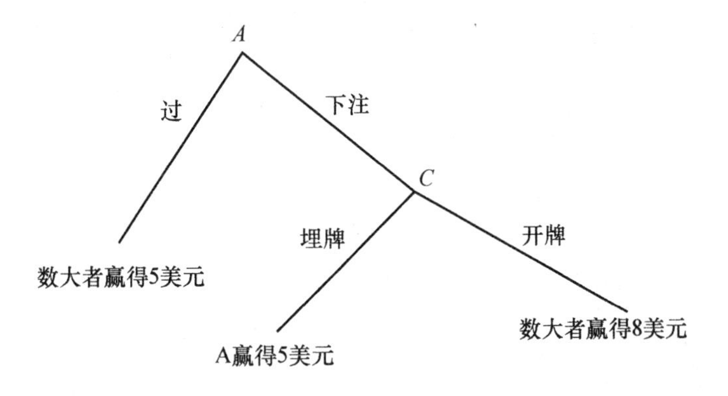


**图 3—7**

每个参与人都可采取四种策略。对于 A 来说，她可以

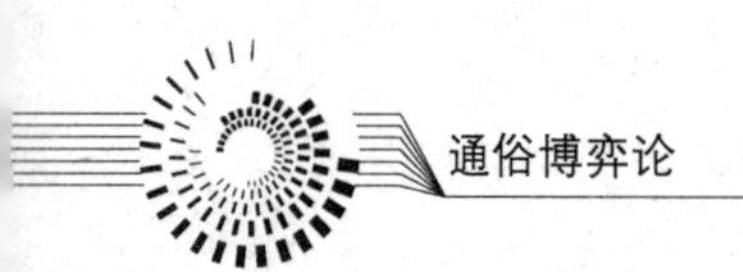



(1) 总是选择过（PP）；(2) 投到 1 的时候选择过，投到 2 的时候选择下注（PB）；(3) 投到 2 的时候选择过，投到 1 时选择下注（BP）；(4) 总是选择下注（BB)。对于 C 来说，他可以（1）总是选择埋牌（FF）；(2) 总是选择开牌（SS）；(3) 投到 1 的时候开牌，投到 2 的时候埋牌（SF）；(4) 投到 1 时埋牌，投到 2 时开牌（FS)。

下面解释一下图 3—8 所示盈利矩阵中的数据是怎么算出来的。假设 A 采用策略 BB，C 采用策略 SF。C 投到 2 的概率是 1/2，C 选择埋牌（A 总是选择下注)，此时，A 将赢得 5 美元。C 投到 1 且 A 也投到 1 的概率是1/4，此时，双方的盈利没有任何变化。C 投到 1 且 A 投到 2 的概率是1/4，A 下注、C 开牌，此时，A 将赢得 8 美元。若双方采用这两种策略，A 将平均获得 4.5 美元的盈利。

C的策略

| A的策略 | FF | SS | SF | FS |
|---|---|---|---|---|
| PP | 0 | 0 | 0 | 0 |
| BB | 5 | 0 | $4\frac{1}{2}$ | $\frac{1}{2}$ |
| PB | $\frac{5}{4}$ | $\frac{3}{4}$ | 2 | 0 |
| BP | $3\frac{3}{4}$ | $-\frac{3}{4}$ | $\frac{5}{2}$ | $\frac{1}{2}$ |

**图 3—8**

首先注意到，策略 BB 占优于 BP 和 PP，策略 FS 占优于 SF 和 FF。正式的模型印证了我们的直觉：A 只要投到了 2 就下注，C 只要投到了 2 就开牌。推荐给 A 的策略是以 3/5 的概率选择 BB、以 2/5 的概率选择 PB，这可以确保 A 平均每场游戏能赢 30 美分。如果 C 以 3/5 的概率选择 FS、以 2/5 的概率选择 SS，在每一场游戏中，他的损失最多只有 30 美分。

## 极小极大定理

目前为止我讲到的都是特殊的博弈。每个模型我都直接给出了一些策略，并且计算出博弈的结果。博弈论中最重要和最基础的一个定理是冯·诺依曼所提出的极小极大定理，这些例子都是这个定理的应用。

极小极大定理表明，我们可以为一个有限的二人零和博弈赋予一个值 $V$：在双方理性行动的前提下，参与人Ⅰ预期能从参与人Ⅱ赢取的平均盈利。冯·诺依曼认为用这种方法预测结果是可行的，原因如下：

1. 有某个策略，可以确保参与人Ⅰ获得盈利 $V$；参与人Ⅱ的任何行动都无法阻止。因此，参与人Ⅰ不会接受小于 $V$ 的盈利。

2. 有某个策略，可以确保参与人Ⅱ的平均损失不会超过 $V$；即可以防止参与人Ⅰ获得超过 $V$ 的盈利。

3. 根据假设，博弈是零和的。参与人Ⅰ的盈利就是参与人Ⅱ的损失，因为参与人Ⅱ希望其损失最小，他会把参与人Ⅰ的平均盈利限制在 $V$。[①]

① 第 2 章中存在均衡点的博弈也同样具备这三个特征。

最后一个假设很容易被忽略，但非常关键，在非零和博弈中，这一结论不成立。你不能因为参与人Ⅱ可以限制参与人Ⅰ的盈利，就认为参与人Ⅰ也同样可以以其人之道还治其身。在零和博弈中，参与人Ⅰ的损失相当于参与人Ⅱ的盈利，因此，这一假设是没有问题的。

引入混合策略和极小极大定理的概念可以大幅简化博弈的研究。具体简化了多少，想象一下如果没有这两个概念，博弈论会变成什么样子。除了最简单的博弈模型（有均衡点的博弈），博弈论会一片混乱。无法根据理性来行动或者预测结果，因为结果与两个参与人的行为紧密联系，一个人行为的变化会引起另一人行为的变化。你只能按照波描述的方法来定义何为理性的行动，但这基本没什么意义。

引入了极小极大定理，情况就发生了天翻地覆的变化了。实际上你可以把所有的二人零和博弈都当作是有均衡点的博弈，博弈有明确的盈利，任何一个参与人都可以采用适当的策略来实现这一盈利。有均衡点和没有均衡点的博弈之间唯一的区别在于，要实现这个的盈利，一个是采用纯策略，另一个是采用混合策略。

极小极大策略的优势在于它的安全性。若不采用这一策略，你只能像波笔下的天才学生那样进行两步或者三步的推理。采用这一策略，至少在对手不是太强大的情况下，你能够得到你应得的盈利，而且肯定没法获得更多。

## 混合策略博弈的求解

与纯策略相比，计算混合策略的解要难得多。理论上你可以求解任何一个零和博弈，但实际求解会很困难。下面介绍的一种求解混合策略的简单方法，在部分情况下是可行的。

求解一个博弈模型，首先剔除所有的劣策略，这个策略既劣于一个纯策略，又劣于一个混合策略。通常很难判断一个混合策略的优劣性，但是，仔细观察盈利矩阵，你可能通过直觉剔除这些多余的纯策略。

在如图 3—9 所示的博弈模型中，没有一项纯策略是占优的，且策略 B 劣于“以 1/5 的概率采用策略 A，以 4/5 的概率采用策略 C”的混合策略（它也劣于其他混合策略）。若对手采取策略 D，你所获得的盈利为 1/5×15＋4/5×5＝7，若对手采取策略 E，你所获得的盈利为 1/5×10＋4/5×20＝18。两种情况下，获得的盈利都大于你采用策略 B 时的盈利。

| | | 你的对手 D | 你的对手 E |
|---|---|---|---|
| 你 | A | 15 | 10 |
| 你 | B | 6 | 15 |
| 你 | C | 5 | 20 |

**图 3—9**

在剔除所有的劣策略后，你可以根据以下规则得到混合

策略解：选择这样一项混合策略，无论对手做什么，都能保证你获得相同的平均盈利。

在上述博弈模型中，假设你以 $p$ 的概率采用策略 A、以 $1-p$ 的概率采用策略 C，对手以 $r$ 的概率采用策略 D、以 $1-r$ 的概率采用策略 E。当对手采用策略 D 时，你所获得的平均盈利为 $15p+5(1-p)=5+10p$；当对手采用策略 E 时，你所获得的平均盈利为 $10p+20(1-p)=20-10p$；令它们相等，即 $5+10p=20-10p$，得出 $p=3/4$，平均盈利为 $12\frac{1}{2}$。

通过类似的计算，你会发现，你的对手采用每种策略的概率均为 1/2，他获得的平均盈利也为 $12\frac{1}{2}$。

再来考虑另一个例子：一名罪犯有两条逃跑的路线——公路和森林，而警察只能选择其中的一条路线追捕他。倘若警察和罪犯选择的路线不同，罪犯将成功地逃走；倘若他们选择的路线均为公路，罪犯将被逮捕；倘若他们选择的路线均为穿越森林，罪犯逃走的概率为 $1-\frac{1}{n}$。图 3—10 所示的盈利矩阵表示罪犯逃走的概率。

| | | 警察 | |
|---|---|---|---|
| | | 公路 | 森林 |
| 罪犯 | 公路 | 0 | 1 |
| | 森林 | 1 | $1-\frac{1}{n}$ |

**图 3—10**

使用上面所提到的方法计算，得出警察和罪犯选择公路的概率均为 $1/(n+1)$。如果他们中的一个采取了这种混合策略，罪犯逃走的概率都为 $n/(n+1)$，$n$ 越大，逃走的概率就越大，穿越森林这条路线对于警察的意义就越小，但警察要选择这条路线的必要性就越大。

更大型矩阵也可使用相同的方法。如图 3—11 所示的博弈模型，假设你分别以 $p$、$q$ 和 $1-p-q$ 的概率采用策略 A、B 和 C，对手分别以 $r$、$s$ 和 $1-r-s$ 采用策略 D、E 和 F。运用上述规则，你可以得到 $8p+6q+18(1-p-q)=6p+15q+6(1-p-q)=14p+3q+6(1-p-q)$，计算得出你采用策略 A、B 和 C 的概率分别为 1/2、1/3 和 1/6，无论对手做什么，你得到的平均盈利都为 9。

| | | 你的对手 D | E | F |
|---|---|---|---|---|
| | A | 8 | 6 | 14 |
| 你 | B | 6 | 15 | 3 |
| | C | 18 | 6 | 6 |

**图 3—11**

对手也可以写出一个类似的等式，即 $8r+6s+14(1-r-s)=6r+15s+3(1-r-s)=18r+6s+6(1-r-s)$，计算得出他或她采用策略 D、E 和 F 的概率分别为4/16、7/16 和 5/16，得到的平均盈利也为 9。

## 求解二人零和博弈的方法：小结

求解一个二人零和博弈，应该进行以下几个步骤：

1. 计算极大化极小值和极小化极大值。若这两个值相等，你就找到了合适的策略，并且能计算出博弈值；若这两个值不相等，继续第二个步骤。

2. 剔除所有劣策略。

3. 为你的每一个策略都指定一个概率值，保证无论你的对手做什么，最终得到的平均盈利都一样。假定你的对手也这样做。如果你采用混合策略得到的盈利等于对手采用他或者她自己的混合策略得到的盈利，且概率值均非负时，你就得到了博弈的解。

如果这两个盈利不等，或某些概率值为负数，重新检查劣策略。如果不存在劣策略，那么这种方法就失效了。

## 进一步的探讨和应用

博弈理论名家大都认为，极大极小定理是博弈论中最伟大的一项贡献。用来支持极小极大策略的论据往往都十分具有说服力，但也有可能言过其实，即便是一个老练作者，有时也会马失前蹄。阿纳托尔·拉波波特（Anatol Rapoport）在《争斗、博弈和辩论》（*Fights*, *Games and Debates*，1960）这本书中提到了一个博弈，如图 3—12 所示。盈利矩阵中的数字表示参与人Ⅱ支付给参与人Ⅰ的金额，单位无关紧要，只要我们假设两个参与人都认为得到的钱越多越好。

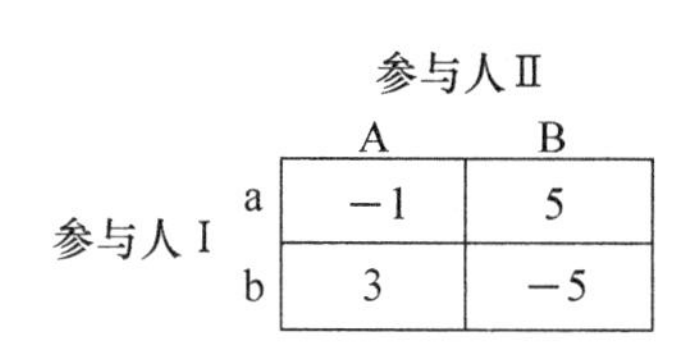

| | | 参与人Ⅱ A | 参与人Ⅱ B |
|---|---|---|---|
| 参与人Ⅰ | a | −1 | 5 |
| | b | 3 | −5 |

**图 3—12**

拉波波特先按常规计算出参与人Ⅰ的极小极大策略（以4/7的概率采用策略a、以3/7的概率采用策略b），参与人Ⅱ的极小极大策略（以5/7的概率采用策略A、以2/7的概率采用策略B），以及博弈值（参与人Ⅰ平均赢得5/7）。然后他写道："用其他的混合策略来避免这个结局，对回避的一方只有坏处。试图迷惑对手也没有任何意义，这样做只会适得其反"（第160页）。但是，拉波波特最后得出结论：任何对极小极大策略策略的偏离"都是不利的"，会导致一个奇怪的悖论。考察两个基本的事实就能明白其中的原因。

首先，任意一个参与人采用极小极大策略，结果都是一样的：参与人Ⅰ获得平均5/7的盈利。使结局有所不同的唯一方法是，两个参与人都不采用极小极大策略。

其次，该博弈是零和的。一个参与人要赢只能从对手身上赢，而输掉的都会变成对手的盈利。

把这两个因素放在一起考虑，会得到一个自相矛盾的结论。如果其中一个参与人背离了极小极大策略，除非其对手也背离了极小极大策略，否则不可能是"不利的"。同样的道理，对手的偏离也是不利的。但这是个零和博弈，两个参与人不可能同时输，显然这里一些地方不太对劲。

答案是这样的。存在一个策略，可以保证参与人Ⅰ获得5/7的盈利，他无法得到更高的盈利，当然参与人Ⅱ也不会让他得到更高的盈利。倘若参与人Ⅰ选择了其他的策略，那他或她就是在冒险，如果参与人Ⅱ也冒险，谁也不知道将会发生什么。极小极大策略的好处在于它的安全性，然而，是否追求安全性只是个人偏好。

作为极小极大理论的推论，一般的二人零和博弈有非常好的理论基础。但就像完美信息博弈一样，这种博弈很少会出现在现实当中。难点就在于这种博弈必须满足零和这个条件。

这个理论的一个核心假设是，两个参与人的利益是此消彼长的。如果这个假设不成立，那么这个理论就不成立，而且会产生误解。这个假设似乎很容易满足，现实却并非如此。例如，在价格战中，价格保持不变可能会给双方都带来好处；在扑克友谊赛中，两个玩家可能都不希望损失过多；在讨价还价的时候，虽然买家和卖家对价格有所分歧，但双方都希望最后可以达成交易。但还是有其他情形可以用零和模型来表示——政坛上就有大量的例子。

美国每四年举行一次总统大选。这表面上是1场竞选，但实际上是50场。每个州都有各自的选举人票，胜负完全独立于其他州，所分配的选举人票数也不同。为了赢得竞选需要投入很多资源，包括金钱、名人演讲、媒体广告和直邮等。由于资源对于两党都是有限的，因此必须慎重使用。两党势不

两立——总统的位置只有一个，只有一个党的候选人能当选。

史蒂文·布拉姆斯和莫顿·戴维斯（Steven Brams and Morton Davis，1974）把博弈论应用于这种争取最多的选票的资源分配问题。一般情况下，候选人在大州上分配的资源要比在小州上分配的多，但似乎他们还应该超比例地分配资源。应当按照州选举人票比例的3/2来分配资源，如果一个州拥有的选举人票是另一个州的4倍，那么这个州就应当分配8倍的资源。有经验研究确认了这种理论。以候选人出席竞选活动的次数代表资源的投入，结果显示以“3/2准则”来分配资源比按选举人票比例来分配资源更有效。这两位学者又提出了另一个相似但又有所区别的问题：在一系列党内初选中应如何分配资源？

这两个问题关键的区别在于时间：一个候选人若是在初选的初期表现出色，那么就为他后面的竞选赢得了政治及财力支持。在这个模型有一个滚雪球效应，在第一个州花费的金钱会间接影响到其他州获得的竞选结果。理论和实践都证明了，初选的初期阶段会获得更多的财政支持。根据这个原理，假定每个州都拥有相同的选举人票，并且要50个州都要进行一次，初选的第一场花费的资源应该是最后一场的50倍。

同样两位作者（Steven Brams and Morton Davis，1978）分析了另一种冲突，适合用零和博弈来建模：法庭上两个律师的冲突。假设陪审员对宣判无罪释放或罪名成立都有一定的倾向，且律师可以通过每个陪审员的背景判断出他具有哪种

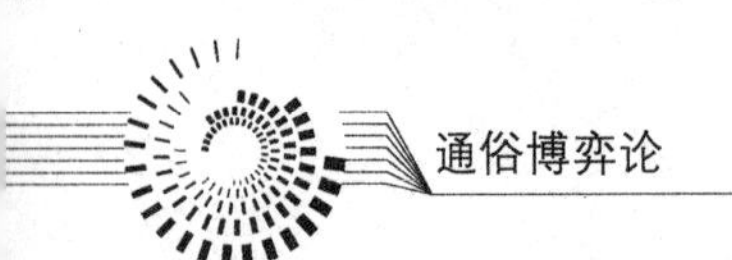


倾向。(显然这是现实情况的一种简化，但通常认为一个人的背景同他或她作为陪审员时的行为选择有一定的联系。) 检察官和辩护律师都有数次无因回避的权利——排除一个陪审员而不需要提出理由，并自行决定什么时候行使这项权利。他们做决定的依据是候选陪审员的吸引力，以及双方剩余的要求无因回避权的次数。排除一个陪审员的风险在于下一个陪审员可能更加不合意，但律师本人对此已经无能为力。

R. 埃文豪斯和 H. 弗里克 (R. Avenhaus and H. Frick，1976，1977) 提出了一个关于工厂的零和博弈。某件工厂要处理的材料很昂贵，如黄金和铂金，或者很宝贵，如核燃料；参与人是稽查员和监守自盗者。稽查员持有一份存货清单，上面写有库存中应有材料数量，将其与实际的材料数量进行比对。检查虽然都是准确的，但是无法面面俱到。即使没有材料转移，差异也是不可避免的。受制于成本，稽查员无法进行太多的检查，或者发出太多的误报；如果他没有发现材料转移，或是发现得太晚，就会产生补偿费用。稽查员既要检查出账面库存和实际库存的差额，也要平衡这些成本。监守自盗者若是能成功地转移材料，他可以获得一笔盈利，但若是被抓，他要付出沉重的代价。这个模型显然不是一个严格的零和博弈——稽查人过度检查的花费与潜在偷运的盈利不一致——但足够接近，可以用零和博弈来分析。

在一个不那么沉闷的例子里，罗伯特·巴尔托什津斯基和马登·L. 普里 (Robert Bartoszynski and Madan L. Puri，

1981）把博弈论应用到现实中的网球比赛。在网球比赛中，选手发球时一定要把球发到发球区内，如果连续两次发球失误，他就会失分；如果他第一次失误后，第二次发球成功，则不算失分。大多数选手第一次都会大力发球，这样可以令对手很难接球，但发球精度不高。如果第一次发球失误，第二次会发一个有把握的球，但发球效果一般。巴尔托什津斯基和普里调查了选手大力发球的条件：什么情况下两次都大力发球，两次都不大力发，以及仅有第一次大力发。

这两位学者还提出了下面这个问题：假设你准备了一个特殊的发球来对付你的老对手。这会让他很意外，但只在第一次有效——比如一个弹地削球，当比分是多少时你会发这个球？巴尔托什津斯基和普里得出一个令人吃惊的结论：什么时候发这个球都没有任何差别——效果都是完全一样的。关键在于你会在某个时刻发这个球，如果你选择了一个可能不会出现的时机——比如当比分以 40 比 15 领先时——你就失去了一点优势。

数学家爱德华·O. 索普和威廉·E. 瓦尔德曼（Edward O. Thorp and William E. Waldman，1973）曾巧妙地应用博弈论。赌博的历史很悠久，长期以来肯定会有某些赌徒有自己的赌博准则。有些准则基于幸运数字、预兆、用历史信息预测未来、改变赌注的大小等。但由于赌场会把胜率固定住，任何单人下注都是不利的。对于长期赌博的人来说，谁都逃不过输钱的命运。这种赌徒会经常光顾赌场，赌场也非常欢

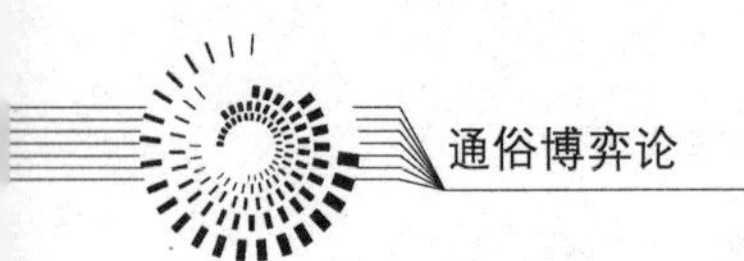


迎他们，还靠他们发家致富，直到爱德华·索普出现。索普意识到，如果每场赌局平均来说都会输，要从一连串的赌局里面赚钱就好比每次交易都亏损，但是还指望靠成交量来弥补亏损一样。他还发现在像21点这样的游戏中，除非在每场赌局结束后彻底地洗牌，否则每次赌局的情景并非真正的重复。索普在电脑的帮助下设计出多种技术，用来分析什么牌被打出来，就会提高参与人的胜率。他把这些方法写进了他的《击败庄家》（*Beat the Dealer*）这本畅销书里，而赌场也默默地证明了他的成功：他们改变了一些规则，把几副牌放在一起使计算变得困难，试图把算牌人逐离赌桌。威廉·E. 瓦尔德曼和爱德华·O. 索普（William E. Walden and Edward O. Thorp，1973）近期与他人合作发表了一些文章，他们分析了类似百家乐、扑克和红与黑的玩法，这些玩法都不需要重新发牌，而且这些信息对玩家来说都是有利的。

内史密斯·C. 安克尼（Nesmith C. Ankeny，1981）把博弈论应用到真正的游戏里。长期以来，博弈论被广泛地应用于扑克问题的研究，很多论文都是围绕这个主题，包括冯·诺依曼和摩根斯特恩（Von Neumann and Morgenstern，1953）在《博弈论与经济行为》（*Theory of Games and Economic Behavior*）一书中用大量篇幅来讲这个问题。但一般研究只使用简化了的扑克游戏。麻省理工学院（M. I. T.）的数学教授安克尼在他《扑克策略：博弈制胜》（*Poker Strategy*：*Winning with Game Theory*）一书中提到了扑克游戏，他认为“恰当地平衡欺骗与威慑”会使得赢面最大。他还研究了桥牌的某些环节，例如发信号，将混合策略应用于打桥牌，但并没有同时为下注和打牌提出完整的模型。

军事策略是二人零和博弈的另一种来源，冲突双方几乎总是针锋相对。追逃博弈和战斗机—轰炸机对决是其中两个应用。还有一类博弈叫做兵力分配博弈（Colonel Blotto games），参与人要在据点之间分配他们各自的资源。这方面的例子很多，比如之前讲到的军事运用——将军 X 和 Y 往各据点分派兵力——以及营销的案例；其他类似的例子还有把推销员安排到不同的区域，把警察分派到高犯罪率的地区。兵力分配博弈还被应用于建立一个关于裁军协议监察的模型。一国可以生产一种武器——和其他武器相比威力更大、更易隐藏等，监察国要去核查被监察国是否超过了其武器限额。应该怎样分派监察员？

西德尼·莫格洛（Sidney Moglower，1962）观察到极小极大策略的有趣应用：在选择作物的过程中，农民是一个参与人，“决定农产品市场价格的所有因素的结合体”为另一个参与人。莫格洛指出，虽然很难证明农民会把整个世界当作和他相对的另一个主体，但是以农民的方式行动却符合这种假设。

## 经验研究

虽然博弈论是一种“理论”，但理论联系实际至关重要。本

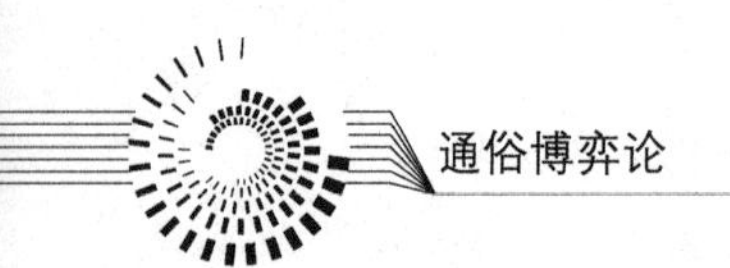


杰明·卡多佐（Benjamin Cardozo）法官在奥尔巴尼法学院给未来的法官律师们作的一个演讲中讲到："你们在这里将会研究人生，你必须用智慧和知识去主导人生。"这句话同样适用于博弈论。博弈论扎根于行为科学，如果这个理论不涉及人的行为，那它就了无生趣并且毫无意义，只剩下纯粹的数学。且不论其他因素，博弈论实验本身就非常有趣，也许是因为人们喜欢去看别人会做些什么。单凭这一点就值得探讨博弈实验。

理查德·布雷耶（Richard Brayer，1964）找了一些人反复地做一项实验，如图3—13所示。盈利矩阵中的数字表示被试者从实验者那边得到的盈利。一部分被试者被告知他们的对手是有过参与经历的玩家，另一部分被告知他们的对手会随机行动，但事实上他们的对手全都是实验者本人。

| | | 实验者 | | |
|---|---|---|---|---|
| | | A | B | C |
| | a | 11 | −7 | 8 |
| 被试者 | b | 1 | 1 | 2 |
| | c | −10 | −7 | 21 |

**图 3—13**

如果被试者意识到他们的对手十分精明，那么他们可以很快地推断出应该采用策略b。从实验者的角度来看，策略C劣于策略B，因此，被试者可以假设实验者绝对不会采用策略C。认定这点之后，被试者绝对不会采用策略c，因为采用策略b可以获得更高的盈利。排除策略c和C，实验者最终会采用策略B，而被试者会采用策略b。（B，b）为均衡策略，且该均衡点的盈利为1。

实际情况究竟是怎样的呢？首先，这些被试者都忽略了一开始得到的关于对手的信息，仅凭对手的行为做出回应。他们可能不知道对手的信息和博弈有什么关系，或者不知道如何运用这些信息，也可能不管实验者告诉他们什么，他们都秉承天然的怀疑论观点，这些我们都不得而知。如果实验者选择B，那么被试者都会选择b，但反过来就不是这样。实验过后的采访发现：被试者都预测不到实验者会选择策略B。事实上，超过一半的被试者都认为实验者选择策略B就太愚蠢了，因为这会让自己肯定损失1。当实验者随机地选择一个策略时，被试者一般都会选择策略a：这个策略的平均回报最高。

其他实验者也观测了相同的行为模式。其中，西奥多·卡普洛（Theodore Caplow，1956，1959）、梅里尔·M. 弗勒德（Merrill M. Flood，1952）、奥利弗·L. 莱西和詹姆斯·L. 佩特（Oliver L. Lacey and James L. Pate，1960）、伯恩哈特·利伯曼（Bernhardt Lieberman，1960）、罗伯特·E. 莫林（Robert E. Morin，1960）、阿纳托尔·拉波波特和卡罗尔·奥尔旺特（Anatol Rapoport and Carol Orwant，1962）都得出了这样的结论，即大多数参与人只是单纯地不懂得换位思考。和均衡策略相比，他们更倾向于表面上平均盈利最高的策略（当对手是随机行动的时候）。当参与人因偏离均衡策略而蒙受损失时，他们就会改变他们的行为，但反过来就不是这样。

倘若博弈没有均衡点，参与人更难以看透博弈。阿纳托尔·拉波波特和卡罗尔·奥尔旺特（Anatol Rapoport and Carol Orwant，1962）提出，当一个博弈存在均衡点时，就算参与人没有立即达到均衡点，但他最终会达到。达到均衡的速度与参与人的经验、老练程度以及博弈的复杂度有关。若不存在均衡点，即需要采用混合策略的时候，参与人的情况就更加糟糕。除了最老练的参与人以外，几乎所有参与人都没有足够的计算能力。不仅如此，甚至几乎没有参与人觉得计算是必需的。

若存在均衡策略，却没有采用这一策略，这可以证明参与人的无知吗？结论未必像表面那样简单。比如说，均衡策略多少会基于一种假设，即对手会比较理性地做出选择。倘若该假设不成立，不采用均衡策略会使参与人获得更高的盈利。当实验者采用均衡策略，被试者也会采用均衡策略。当实验者随机地行动，或者“不理性”地行动，那被试者就一直采用非均衡策略。

这听起来似乎有理有据，但是正如前面所提到的，事实并非如此。实验结束之后，被试者都表示他们不知道将要发生什么。对实验者的特定行为，他们是“学习”如何有效地做出回应（他们一直认为实验者选择的均衡策略是不明智的），但是，被试者对这场游戏接下来要发生什么自始至终都是模糊不清的。

关于博弈中“学习”如何行动，有一个很有意思的定理，值得我们暂时离题。假设两个人重复地玩一个游戏，但是都没能力计算出极小极大策略。他们两个一开始都随机地进行选择，到后来就有了经验。他们分别假设对手采用的是一种混合策略，选择策略的概率就是策略实际出现的频率。以这个假设为基础，他们会采取平均盈利最大化的纯策略。朱莉娅·鲁宾逊（Julia Robinson，1951）证实了在这些条件下，双方的策略都趋近于极小极大策略。

这些实验对实践有什么启示？当参与人得知对手的行动常常是非理性的，情况是否会发生变化？对于完美信息博弈，例如国际象棋，我们曾经认为这一点无关紧要。现在还能这么认为吗？

运用极小极大法则，总有可能很快得到博弈值，不管对手理性与否都是如此。参与人之所以能满足于博弈值，是因为他们明白一个精明的对手不会让他们取得更高的盈利。但如果参与人能确信他们的对手水平很低，为什么不尝试赢得更多呢？

通过运用极小极大策略，参与人不会做出愚蠢的行为，例如采用劣策略。在我们的简化扑克游戏中，如果参与人发到一张2，他总会下注；在市场营销博弈中，他们绝对不会在早上买三个小时的广告时间；在军事博弈中，他们绝不会把五个师派到同一个据点。需要强调一点：极小极大策略从本质上看是一种防御型的策略，当你选择这一策略后，意味着放弃了做得更好的机会。从波的奇偶数博弈以及拉波波特

讨论的博弈里，如果一个参与人采用了极小极大策略，他或她的盈利就是博弈值，不会少，但也不会多。

假设在奇偶数博弈中，对手倾向于选择偶数。如果这个游戏只玩一次，而且你不知道对手会怎样行动，你能利用对手的倾向吗？即便你知道这个游戏过于复杂，以至于对手不太可能很准确地分析，你又怎么能预测对手倾向于哪边呢？一般情况下，你会假设对手采用看起来平均盈利最大的策略；倘若你针对这个假设来行动，而你对手的思路总是先你一步，你就会变得很被动，他会通过赚你的钱来发大财。如果博弈重复地进行，而你不满足于应得的盈利，对手也迟早会懂得如何保障自己的利益，所以你的优势是无法持续的。

这一理论最大的弱点，无疑是假定参与人以平均利益最大化为原则行动。这个假设的理由在于，长期而言，不仅平均回报会最大化，实际回报也会最大化。但是，倘若博弈只进行一次，这种长期的考虑还有意义吗？约翰·梅纳德·凯恩斯（John Maynard Keynes，1972）在《货币改革论》（*Monetary Reform*）中提到："'长期来说'这是有可能的……但是这种长期的观点会对眼下发生的事产生误导。长期来说，我们都会死。"平均回报最大化的策略往往不令人满意，也不让人信服。选择100万的确定盈利而放弃可能获得1 000万的机会，这是一个不理性的选择吗？这不是一个信手拈来的反例；这涉及问题的核心。让我们更进一步探讨这个问题，如图3—14所示的博弈，盈利是以美元为单位。

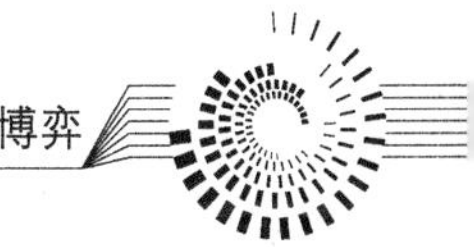

参与人Ⅱ

| | | A | B |
|---|---|---|---|
| | a | 100万 | 100万 |
| 参与人Ⅰ | b | 1 000万 | 0 |
| | c | 0 | 1 000万 |

**图 3—14**

参与人Ⅰ的极小极大策略是分别以一半的概率采用策略 b 和策略 c，这一策略下，参与人Ⅰ有一半的机会得到 1 000 万美元，还有一半的可能一无所获。参与人Ⅰ也许更倾向于得到 100 万美元的确定盈利；事实上，与其赌一把，两个参与人都会更倾向于让参与人Ⅰ得到 100 万的确定盈利。这就是为什么案件经常庭外和解的原因了。

事情往往表里不一。一开始我们认为这是一个零和博弈（以美元为单位），可事实上参与人具有共同的利益。而零和博弈至关重要的一个假设是参与人的利益是彻底相反的。这不仅是由支付矩阵的设计所决定的（参与人从中选择一个纯策略，然后支付矩阵会指出他们的盈利），也是由参与人使用混合策略时可能产生的多种概率分布决定的。

这种反对意见非常致命。要解决这个问题，只能通过引入效用（词是旧的，但理念是新的）这个概念。效用的概念再次将博弈论置于坚实的基础之上。这也是冯·诺依曼和摩根斯特恩对博弈论最显著的贡献。下一章将讨论这个问题。

## 问题的解

1. 你掷出的硬币如果1的那面朝上，你应该下注；如果0的那面朝上，你选择下注的概率应该为1/11（虚张声势），选择过的概率为10/11。

对手掷出的硬币如果1的那面朝上，他或她一定会开牌；如果0的那面朝上，他或她选择开牌的概率应该为1/11，翻牌的概率为10/11。

每一局你平均能赢得25/11美元。

2. 两个警察一定不会分开行动，他们去机场或港口的概率各一半。两个走私犯分开行动的概率为4/14，两个人一起到机场的概率为5/14，一起到港口的概率为5/14。平均50磅违禁品会被偷运出境。

3. 90%的情况下警卫会去检查存放了90 000美元的保险箱（怀疑这个可能会被盗），而盗贼抢劫存放了10 000美元的保险箱（对这个情况不是很清楚）的可能性为90%。盗贼平均可盗取9 000美元。

4. 你叫满贯的概率为0.1，对手叫满贯的概率为0.9。事实上，成功满贯的可能性越小，对手越是可能这样叫。你赢得比赛的概率为0.91。（这个数字略大于0.9，0.9是当你叫一局而对手叫满贯时你赢的概率。）

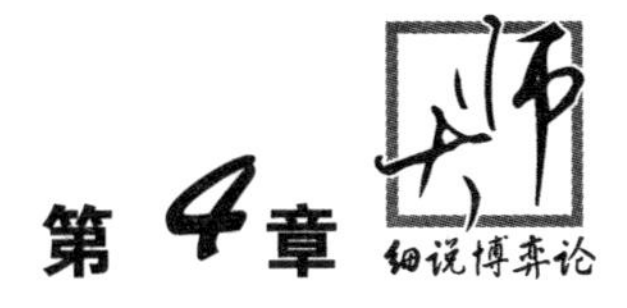


# 效用理论

## 问题导入

博弈论是决策工具；但是在确定方法和手段之前，先要明确自己的目标。效用理论的作用就是为你的好恶进行排序——这并没有听起来那么容易。在阅读本章之前，请思考在下列情境中你会怎么做。

1. 你来到一个娱乐场，发现价值 40 美元的门票弄丢了。你是再花 40 美元去买一张门票，还是选择去别的地方玩？

2. 你更喜欢哪个：确定的 100 万美元，还是有一半机会获得的 300 万美元？

3. 富有的姑妈去世时留给你 200 美元；不久，喜欢冒险的舅舅让你选择额外的 50 美元或者 25%的机会赢得 200 美元。你会接受哪一个？

4. 假设和你同龄且健康状况相同的人在某个给定年份死亡率为 1%，你愿意付多少钱去买 10 万美元的人寿保险？

5. 确定得到 10 美元和有一半机会获得 30 美元，你偏好哪一个？

6. 你到一个剧院，正准备买一张 40 美元的门票，却发现刚丢了 40 美元。你身上仍然有不止 40 美元的钱——你还会买门票吗？

7. 一个富有的姑妈去世了（并不是问题 4）并留给你 400 美元。你被抓到超速了，古怪的法官让你做出如下选择：支付 150 美元的罚款；或者选择有 75%的概率支付 200 美元、25%的概率可以免交罚款。你会怎么做？

上一章主要讨论极小极大定理——我们为何需要它？它是什么意思？为什么它很重要？为简明起见，我只讨论了它的中心思想而没有提到难点。在上一章的结尾，我们表示并没有呈现这个理论的本来面目。理论的基础中缺失了绝对重要的一部分，因而该理论实际上缺乏基础。效用概念是冯·诺依曼和摩根斯特恩最重要的贡献之一，这使旧的解法和策略又重新变得合理。效用函数就是为了这个目的而构造的；本章我将讨论效用函数及其在博弈论中的作用。

困难的关键在于“零和”这个概念含糊不清。简言之，若一个博弈满足一定的守恒定律，那么它就是零和的：博弈过程中财富既没有增加也没有减少。从这个意义上说，普通的室内游戏是零和的。

如果金钱上的盈利并不重要，上述定义就不成立。回顾对二人零和博弈的讨论，我们假设每个参与人都会尽其所能击败对手；若这个假设不成立，该理论的其余部分也就不成立。为了使原来的讨论变得合理，我们需要保证参与人之间确实是对抗的。按照我的原意，一位家长和他的孩子玩牌赢硬币的游戏是一个零和博弈，但是上一章的观点在这里并不适用。当然，如果我们假设一个参与人的目标就是最大化期望的货币报酬，问题就不复存在。但这只是在回避问题，因为我们质疑的就是这个假设的合理性。

事实上，人们在很多场合并不按最大化其期望盈利的准则来行动。这和形而上的理论无关，它是对生活的观察。上一章结尾的博弈仅仅是其中一个假设不成立的例子，还有很多其他例子。

通常，一个人的财富会影响其对风险的态度。拥有数百万美元资产的公司将会接受 5 万美元的赌局，拥有同样多财

富的个人却不会接受，即使两者都以相同的方式感知这个问题，结果还是一样。伊莱·施瓦茨和詹姆斯·格林利夫（Eli Schwartz and James Greenleaf，1978）认为这是富者愈富、穷者愈穷的原因之一。他们构造了一个模型：在一个社会中，一开始每个人都拥有相同的财富，然后每个人都可以参与一系列赌博。有些赌博风险比其他赌博高，但是其平均回报也比其他赌博高。随着运气让一些人变得更富有、另一些人变得更穷，差距就系统性地累积起来，因为更富有的人能够承受风险更高、回报也更高的赌局。施瓦茨和格林利夫在电脑上分别进行了5回合、20回合和50回合的模拟，发现前10%的社会成员分别掌控了总财富的18%、25%和50%。

很多平均回报为负的博弈仍然吸引了大批参与人。例如，人们会买彩票、玩“数字游戏”、赛马赌博，还会在大西洋城、拉斯韦加斯和雷诺进行赌博。但人们并非漫无目的地、毫无章法地赌博，因为有些赌博会比其他赌博更受欢迎。例如格里菲思（Griffith，1949）对赛马的同注分彩赌博进行观察发现：赌徒总是更喜欢投注给冷门，而不是那些常胜将军。而那些赔率更有吸引力的热门赛马经常被忽略。某些赌博更有吸引力的原因并不总是明确的；可以明确的是参与人并没有试图最大化其平均盈利。

并非只有赌徒才会参与赔率较差的赌博，保守的参与人希望避免大幅的波动，他们也会参与其中。期货市场的诞生，就是因为农民希望确保在丰收时农作物价格不会下降太多。另外，几乎每个成年人都买了这样或那样的保险，但保险“博弈”的价值为负数，因为保险费不但涵盖了所有投保人的利益，还包括保险公司的管理费和佣金。顺便提一下，保险只不过是反过来的彩票。这两种情形下，参与人都投入了一笔钱，彩票玩家有很小的概率赢得一笔财富，投保人则避免发生概率很小的大灾难降临到自己身上。

保险方案非常受欢迎，反映出人们花钱买平安的意愿；实验室中也观察到这种厌恶风险的现象。

哈里·马科维茨（Harry Markowitz，1955）询问一群中产阶级者，他们是喜欢确定的而数额较少的钱，还是只有一半机会获得十倍于前者的钱？他得到的答案取决于钱的数额。当只有 1 美元的时候，所有的人都选择不确定的 10 美元。当有 1 000 美元的时候，大多数人都会选择确定的 1 000 美元，而非不确定的 1 万美元。当有 100 万美元的时候，所有的人都选择确定的 100 万美元。

应该强调的是，最大化平均盈利这个原则的失效，并非无知引起的偶然偏差。1959 年，阿尔文·斯科德（Alvin Scodel）、J. 塞耶·米纳斯（J. Sayer Minas）和菲尔伯恩·拉托斯（Philburn Ratoosh）进行了一个实验，他们让被试者在几个赌博中选择一个。选择哪个赌博和被试者的智力没有任何关系。被试者中有数学专业的毕业生，如果他们愿意，就可以进行必要的计算。

所以，如果这个理论是现实的——如果它不现实，就什么也不是——我们不能假设人们只关心平均盈利最大化。实际上，关于人们的意愿我们无法做出任何一般性的假设，因为不同的人想要不同的东西。真正需要的是这样的一个机制，它将参与人的目标（不论是什么目标）和能使其达到目标的行为联系起来，简单地说就是效用理论。

在做出明智的博弈决定之前，参与人需要考虑其目标和博弈的正式结构，在决策过程中存在着自然的劳动分工。刘易斯·卡罗尔（Lewis Carroll）解释说，博弈论学者知道参与人的目标之后必须选出合适的路径；参与人则不需要知道任何博弈论知识，但是他们必须知道自己喜欢什么——某句老话的另一版本："我一点儿不懂艺术，但我知道自己喜欢什么。"

问题在于要找到一种办法，把参与人的观点转换成决策者能够利用的形式。如果天气预报说有一半的概率会下雨，那么诸如"我厌恶淋雨"或者"我喜欢野餐"之类的描述没法帮我们决定是否要取消野餐。当然，完全量化地描述主观感受是不可能的，但是效用理论可以（在特定条件下）转换足够多的主观感受来满足我当前的目标。

## 效用函数是什么？如何发挥作用？

效用函数只是人们对某些事物喜欢程度的简单"量化"。假设我有三个水果：橘子、苹果和梨。效用函数赋予每个水果一个数值来反映其吸引力。如果梨最具吸引力而苹果的吸引力最小，那么梨的效用最大，而苹果的效用最小。

效用函数不仅将数值赋予水果，它还将数值赋予以水果为奖品的彩票。如果一个苹果、橘子和梨的效用分别是4、6和8，一张彩票有50%的机会赢得一个苹果、50%的机会赢得一个梨，该彩票的效用是6。那么对个人来说，该彩票和一个橘子是没有区别的，而且他喜欢梨超过其他任何一种水果或彩票，他还喜欢彩票或其他任何一种水果甚于苹果。

效用函数还将所有以其他彩票为奖品的彩票赋予数值，即每个新彩票的奖品可以是其他彩票，只要最终的奖品是水果。

这还没完，效用函数要完全适用于冯·诺依曼和摩根斯特恩的理论，还必须满足另外一个要求：效用函数必须使得任何一张彩票的效用总是等于其奖品效用的加权平均。如果一张彩票有50%的机会赢得一个苹果（效用是4）和25%的机会赢得一个橘子或梨（效用分别是6和8），那么该彩票的效用必须是$5.5=0.5\times4+0.25\times6+0.25\times8$。

## 效用函数的存在性和唯一性

你希望效用函数满足什么条件都可以，但是能否找出这样的效用函数就另当别论了。给定一个拥有任意偏好的人，总是能找到一个效用函数来反映其偏好吗？这些偏好可以用两个不同的效用函数来表示吗？

先考虑第二个问题，答案是肯定的。一旦建立了一个效用函数，简单地对每个物品的效用加倍就可以获得另一个效用函数；对每个物品的效用增加一个单位又可以得到另一个效用函数。实际上，对于一个已知的效用函数，如果我们用任何一个正数乘以每个物品的效用（或给每个效用增加相同的数值），可以得到一个新的效用函数，而且能发挥同样的作用。

如果一个人的爱好缺乏“内在一致性”，那么有可能不存在能反映其爱好的效用函数。假定一个人在苹果和橘子之间更喜欢苹果，这意味着苹果的效用大于橘子的效用；在橘子和梨之间更喜欢橘子，即橘子的效用大于梨的效用。由于效用是普通的数值，苹果的效用必然会大于梨的效用。如果这个人在苹果和梨之间选择了梨，那么以此建立效用函数就是不可能的，不可能用给水果赋值的办法来同时反映这三种偏好。我刚刚描述的现象有个术语：该参与人的偏好具有“非传递性”。

如果一个参与人的偏好是充分一致的，即它们满足一定的要求，该偏好就可以用效用函数精确地表达出来。

## 保证效用函数存在性的六个条件

如果用效用函数来表达参与人的偏好，那么这些偏好必须是一致的，即它们必须满足一定的条件。这些条件也许会以几种近似的方式表达出来，我这里使用的是邓肯·R. 卢斯和霍华德·雷法（Duncan R. Luce and Howard Raiffa，1957）的表述。为了方便，“事物”一词可以代表一种水果或一张彩票。

1. 每个物体都是可比的。给定任意两个事物，参与人必须喜欢一个甚于另一个，或者对两者都无差异。没有两个事物是不可比的。

2. 偏好和无差异是可传递的。假设 A、B 和 C 是三个不同的事物。如果一个参与人喜欢 A 甚于 B，喜欢 B 甚于 C，则该参与人喜欢 A 甚于 C。如果参与人对 A 和 B 都无差异，对 B 和 C 也都无差异，那么他将对 A 和 C 都无差异。

3. 当奖品被另一个等价物代替时，参与人对前后两张彩票是无差异的。假设一张彩票的奖品被另外一个东西替代了，而彩票本身不变。如果参与人对旧奖品和新奖品是无差异的，那么他对两个彩票也是无差异的。如果参与人喜欢其中一个奖品甚于另一个，那么他将偏好提供更喜欢的奖品给自己的那张彩票。

4. 如果机会足够好，参与人总是选择赌博。假设有三样事物，参与人偏好 A 多于 B，偏好 B 多于 C。一张彩票有 $p$ 的概率获得 A 和 $1-p$ 的概率获得 C。我们注意到如果 $p$ 的值为 0，则该彩票等价于 C；如果 $p$ 的值为 1，那么该彩票等价于 A。第一种情况下彩票比 B

更好，而第二种情况下 B 比彩票更好。依据这个条件，在 0 和 1 之间总会有一个 $p$ 值使得参与人对 B 和彩票的偏好无差异。

5. 奖品越受欢迎的彩票越好。彩票Ⅰ和Ⅱ有两个可能的奖品：物体 A 和 B。彩票Ⅰ得到 A 的概率为 $p$；彩票Ⅱ得到 A 的概率为 $q$。参与人偏好 A 多于 B。如果 $p$ 大于 $q$，彩票Ⅰ比彩票Ⅱ好；反过来说，如果彩票Ⅰ比彩票Ⅱ好，则 $p$ 大于 $q$。

6. 参与人对赌博是无差异的。一个参与人对混合彩票（一张彩票的奖品是另一张彩票）的态度取决于最终的奖品以及获得最终奖品的概率，而与实际的博弈机制不相关。

自此以后，我们都假设每个参与人的偏好由一个效用函数来表达，盈利由“效用”来表示——效用函数的单位。现在提到零和博弈时，我的意思是所有盈利（的效用）之和总是为 0。从这个新的意义上说，零和博弈中两个参与人的利益一定是相反的。

“零和”的新定义有个优点：它证明上一章的二人零和博弈论述是合适的。但是必须承认新定义也有相应的缺点，这个结果也许被我们的守恒定律预见了：容易分析的博弈不常有。困难在于新类型的零和博弈很少见且难以识别。在我改变定义之前，大家需要知道诸如扑克类游戏的规则，就能立刻判断出它是不是零和的。现在识别的困难更大，会涉及诸如参与人对风险的态度之类的主观因素，这使得该理论更难以应用。

## 潜在的困难

效用理论很容易被误解。一部分出于历史原因："效用"一词已经存在了一段时间，但人们在运用这个概念的时候，既没有保持一致，也不清晰。格伦·斯奈德（Glenn Snyder，1960）在《威慑和力量》（*Deterrence and Power*）一文中示范了好几种错误的用法，如下文：

> 随后的数值（如盈利矩阵）基于以下假设：双方都能够将所有的相关数值转化成一个"公分母""效用"，他们可以估计彼此行动的可能性，并依据"数学期望"准则来采取行动。后者是指任何决定或行动的"期望值"是所有可能结果的期望值之和，每个结果的期望值是由决策单位价值乘以出现的可能性得到的。依据该准则，"理性地"行动意味着在所有行动中选择在长期来说期望值最大（或期望成本最小）的行动。除了将数值赋予所涉及的要素这个实际困难之外，还有一些其他原因，使得数学期望准则不完全适合用作威慑和国家安全政策的理性指导。然而，数学期望准则作为初步的近似是有用的，随后将展示该准则使用的必要条件——关于不确定性问题和巨大损失的负效用。（第 168 页）

斯奈德一开始是正确的，你确实需要"将所有的相关数值转化成一个'公分母''效用'"，这是必要的假设，也是

唯一必要的假设。斯奈德还假设“他们依据‘数学期望’准则来采取行动。”但是为什么一个人或一个国家想最大化其效用，而不是最大化平均的经济利益呢？

最后一个问题以及斯奈德的假设都本末倒置了。个人的需求是第一位的，效用函数如果存在则是第二位的。个人并非努力最大化其平均的或其他形式的效用，很可能个人甚至不知道效用的存在。参与人采取行动，看起来好像是在最大化其效用函数；但这不是因为他们打算这样做，而是因为效用函数特意构造成这个样子。至少理论上，实际发生的是我们观察到参与人的偏好，然后建立一个效用函数，让参与人看起来似乎是在最大化其效用。

斯奈德表述的“依据该准则，‘理性地’行动意味着在所有行动中选择在长期来说期望值最大（或期望成本最小）的行动”，有两点可以批评的地方。一方面，如前所述，问题在于本末倒置。并非因为你是理性的，所以你会最大化效用；而是效用函数是根据观察到的你的偏好建立起来的。而且，“长期”和效用无关，效用是和一次性的博弈联系在一起的。如果一个人认为生活是一系列的博弈，其中的好运气和坏运气相互抵消，她也许会决定最大化其平均经济盈利，这当然可以。但是如果她偏好低风险的选择，那也没有问题，尽管这样会降低她的预期经济盈利。这两种观点效用理论都可以包容。在威慑“博弈”中，不能保证赌局会再次出现，实际上我们有好的理由相信它们不会再现。

最后，不管一个效用函数存在与否，斯奈德对“巨大损失的负效用”的表述完全没有抓住要领。如果一个关于巨大损失的效用函数不精确，那么它根本不是一个效用函数。如果说一个效用函数能做什么事情，那就是它必须精确地反映个人偏好，此外没有别的用途。

## 构造效用函数

尽管我们需要效用函数，怎样真正地确定效用函数还是一个问题。粗略地说，方法是这样的：要求人们在两个事物中做出简单的选择，可能是水果，或者彩票。例如，人们会被问到，是更喜欢彩票（有 3/4 的机会赢得一个梨、1/4 的机会赢得一个苹果），还是更喜欢一个确定的橘子？对于每个问题，他们必须表明自己对其中一个事物的偏好，或者他们对两者无差异。只要参与人的偏好具有一致性，那么基于这些简单的选择，将数值赋予每一种水果和彩票，构造一个能同时反映个人的所有偏好的、唯一的效用函数是可能的。实际上，水果和彩票都被置于同一个维度内，使得每一种水果和每一张彩票都可以被同时进行比较。

我们必须明白，建立效用函数的过程并没有加入新的东西，最终的排序早已暗含在之前简单的选择之中。但是和纷繁的个人偏好相比，一个简洁的效用函数确实大有好处。

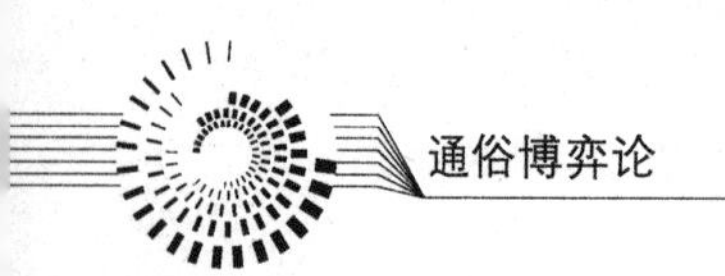


## 人们的偏好模式确实是一致的吗？

到目前为止，我一直假设为其建立效用函数的人具有一致的偏好，即偏好满足前文列出的六个一致性条件。从表面上来看，这些条件非常符合直觉，你可能认为大多数人都会接受这些条件，最多只有一点异议。甚至有人说这些条件（至少其中的一些）应当被作为决策中理性的定义。但事实上人们经常有（或者看起来有）不一致的观点，让我们无法构造出效用函数。让我们来看一些出现错误的例子。

目前已经有相当多的实验研究赌博行为，特别是看这些行为是否具有一致性。其中，沃德·爱德华兹（Ward Edwards，1953，1954 a，1954 b，1954 c，1954 d）比较了几种赌局，被试者可以依据不同变量来做出选择，如被试者能获胜的平均盈利、被试者做选择时的财富状况以及概率的实际数字等。他发现，被试者倾向于选择概率为 1/2、1/2 的赌博，而不是概率为 1/4、3/4 的赌博，尽管二者的平均回报是相同的。这个实验显示，人们不能总是一致地偏好一种赌博胜过另一种，却仍然满足一致性的六个必要条件。

另一个困难是，随着时间的推移，人们的偏好会发生变化。这看起来不是一个太严重的问题，因为变化是缓慢发生的，但事实并非如此。在任何时候，博弈中发生的事情和参与人的态度之间的互动都不能被忽略。一个已经罢工很久的工人看待一份提议的眼光，和刚开始谈判的工人是不同的；在谈判过程中，灵活的态度也许会变得强硬，曾经可接受的条件也许会变得不可接受。

任何看过别人赌博的人肯定都会观察到一个现象。例如，在一场扑克比赛中，随着时间的推移，赌注会越来越大，似乎玩家可以接受的风险也随着比赛进程而增加。在赛马场上，通过比较最早和最晚比赛的投注规模，人们也能观察到这种现象。陀思妥耶夫斯基（Dostoevsky，1915）在他的小说《赌徒》（*The Gambler*）中有这样的描述，虽然主观但也很形象：

> 至于我，很快就输得一败涂地。我直接下了 20 个德国金币买双，结果赢了，然后接二连三，连买连赢。5 分钟之内，我觉得我手上肯定得有 400 个德国金币。这时候我应该见好就收了，但是一种奇怪的感觉油然而生，一种对信念的反抗、一种挑战的欲望促使我鄙视这种逃跑的行径。我下了所允许的最大赌注——4 000 荷兰盾——然后输了。我变得非常激动，拿出了所有剩下的钱，下注在相同的数字上，又输了，然后我昏沉沉地从桌旁走开，甚至不知道发生了什么……（第 168 页）

还有很多其他的问题。实验显示，决策经常取决于似乎不相关的变量。当赌注是钱的时候，人们会选择一种赌博，当赌注是可以换钱的木头筹码的时候却选择另一种。当有其他人在场的时候，人们选择一种方式赌博，当他们只身一人的时候却选择另外一种方式。人们的经历——在博弈中所获

得过的成功影响他们对待风险的态度。人们的选择不具有一致性：这次选择这种赌局，下次选择另一种。他们的偏好也不具有传递性：他们在 A 和 B 之间选择 A，在 B 和 C 之间选择 B，但是在 A 和 C 之间却选择 C。

正如伦纳德·J. 萨维奇（Leonard J. Savage，1954）所说，一个问题的上下文环境会影响决策："一个人正准备买一辆价值 2 134.56 美元的车，推销商劝他再安装一个收音机，总价格升到 2 228.41 美元，他感觉这点差别微不足道。但是后来这个人意识到，如果他已经拥有了这辆车，他绝不会再花 93.85 美元去安装一个收音机，他发觉自己犯了个错误。"（第 103 页）

最近效用理论的基础受到了严重质疑。丹尼尔·卡内曼和阿莫斯·特韦尔斯基（Daniel Kahneman and Amos Tversky，1982）在一个实验中发现，当两个相同或等价的情形用不同的方式来描述，大多数被试者做出了不同的决定。一般的规律是这样的：当人们觉得自己已经赢得某些东西时，他们通常会试图规避风险，保存其战利品。在同样的情景中，同样的人如果觉得自己遭受了损失，他们会甘冒之前不愿接受的风险，以使自己变得完整。（详情见"问题的解"，第 73 页。）

在同一个实验中，被试者知道一件夹克值 125 美元、一个计算器值 15 美元。有一个机会让他们花 20 分钟开车去另一家商店，就能以 10 美元的价格买到计算器。大多数人接受了这个机会。但是当价格被交换，人们有机会开车去另一家商店以 120 美元买到夹克而节省 5 美元时，大多数被试者拒绝了这个机会；由此可推测，减少 4%和减少 33.33%相比太不显著了。但实际上这是萨维奇悖论的另一个版本，因为在两个例子中，你都是花 20 分钟节省了 5 美元。

尽管有这么多的困难存在——人们的行为看似非理性又不一致性，效用函数还是成功地建立起来了。在一个案例中，实验者观察被试者在两个简单的赌博中会选择哪一个。基于这些观察结果，实验者可以预测当面临更复杂的选择时被试者会如何行动。从效用函数的反对意见来看，这又怎么可能做到呢?

当然，并非所有的反对意见都能够解释得通，但是问题也没有看起来那么严重，例如偏好的非传递性。一些实验者感觉真正的非传递性很少会出现，真正会出现的情况是人们被迫在两个对自己无差异的事物中做出选择，结果会取决于一时的兴致。如果人们难以决定是否花费 7 000 美元购买一辆车，那么他们一会儿拒绝以 6 999 美元购买、一会儿同意以 7 001 美元购买就不足为奇了。在几个实验中发现，做出非传递性选择的参与人，他们的选择也不具有一致性。例如，被试者被要求按严重程度的顺序列出几个罪行，并决定罪犯该接受何种程度的惩罚。当重复该任务时，偶然出现的非传递性几乎都消失了。

大多数“非理性行为”很可能通过识别和控制重要变量来避免其发生。例如，如果人们和其他人在一起时比独自一人时更激进地赌博（他们确实如此），这个因素必须被考虑

到。另外，被试者必须有决策的经验，这样他们就会考虑其行为的后果，在萨维奇的例子中，这一点是必需的。

最后，必须恰当地激励被试者。在一些例子中，被试者说他们没有按自己认为最谨慎的路线行事，只是为了寻求刺激。这是一个严重的问题，因为实验者通常有经费限制，不能支付足够的钱来激励被试者。正如一位实验者所说，在“火热的、潮湿的、刺激的、混乱不堪的狂欢节环境”中赌博的人和在人为的、被隔离的实验环境中赌博的人之间的表现大相径庭。

## 问题的解

问题 1、3、6 和 7 的关键在于，人们并不总是基于自身的处境来做决定，而是基于其处境是如何出现，或怎样被描述的来做决定。如果你和卡内曼和特韦尔斯基（Kahneman and Tversky，1982）实验中的被试者相似，你更可能在问题 1 而不是问题 6 的情景中买票。另外，大多数被试者拒绝问题 3 提供的赌博，却接受问题 7 中的赌博，尽管两个情况是完全相同的：一个确定的 250 美元，以及 25%的机会获得 400 美元和 75%的机会获得 200 美元。这个显著的非一致性引起了对博弈论基础的质疑。

当人们面对一笔损失时，他们似乎要寻找风险——他们想赌一把以保全资产。扑克比赛中的输家想要赌双倍，持有亏损股票的人想要等股票“到位”，是这种行为的两个例子。赢家往往希望规避风险——扑克比赛中的赢家往往想要回家。这似乎能解释行为的差异，因为客观环境是相同的。

问题 2、4 和 5 表明，博弈论不会告诉你是否要赌博——它告诉你如何达到目的。在问题 2 中偏好确定的 100 万美元、在问题 5 中为 30 美元而赌博并不是非理性的——实际上，大多数人都会这么做。问题 4 中“公平的”保险费是 1 000 美元（这意味着如果你打赌很多次就会收支相抵），但是如果你想投保，就没有理由不能支付得更多，如果你不想投保，就没有理由不拒绝更低的保险费。

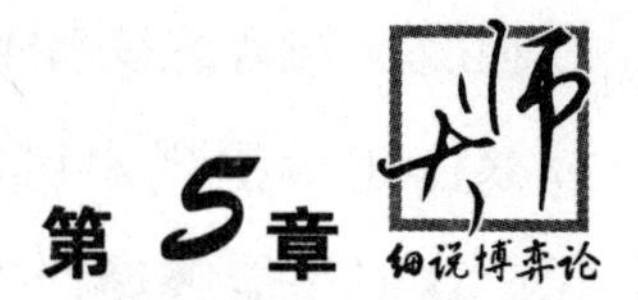


# 二人非零和博弈

## 问题导入

到目前为止，我们所讨论的都是零和博弈，其中你的盈利就是对手的损失。我们下面将要讨论的非零和博弈更加常见、更加有趣，也更难分析。有些理论会倾向于某个策略胜过另一个策略，但却缺乏有说服力的证据；我们可以去推断最终的结果，但得到的预测却并不总令人信服。本章以及最后两章里，我们会更重视思想而不是数字。因此，阅读正文之前思考一下本节的内容将非常有益。

1. 假设图5—1中矩阵里的数字单位是美元。每一对策略有两个盈利：一个是你的（第一个数字），另一个是你对手的。如果你选择B，你的对手选择A，则你可以得到5美元，你的对手一无所获。不允许参与人之间交流。

| | | 你的对手 | |
|---|---|---|---|
| | | A | B |
| 你 | A | (3，3) | (0，5) |
| | B | (5，0) | (1，1) |

**图5—1**

a. 如果这个博弈只进行一次，你会采取什么策略？

b. 如果这个博弈重复200次，你采取的策略会有什么不同？

c. 前不久有一个比赛，要求参赛者编写出电脑程序，明确给出200轮博弈中每轮的具体决策；第50个回合的决策可能取决于之前的决策。在这个比赛里，每个参赛的程序之间进行循环赛。（还会额外加入一个进行随机决策的程序。）在决定采取什么总体策略之前，想一想每个策略的结果。①

2. 假设你和另一个参与人参加一个允许事前交流的博弈。

① 这是个特别重要的博弈，值得你深入思考——你不妨花点时间想清楚。

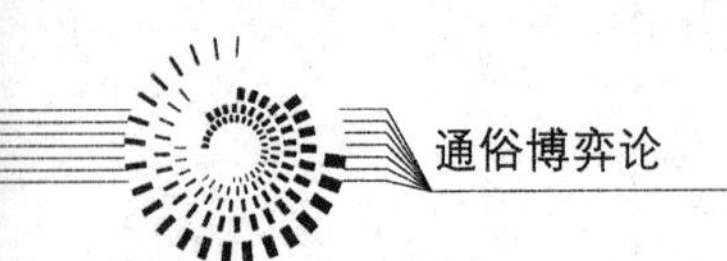


a. 进一步假设，这个博弈的规则稍作改变，禁止你使用某些策略，这可能成为你的优势吗？

b. 交流被禁止，这可能成为你的优势吗？（假设允许交流的时候，你们可以订立有约束力的协议。）

c. 假设在原来的博弈里，你和另一个参与人必须同时做出决策。不过规则发生了变化，你必须首先决策，然后另一个参与人在看到你的选择之后再做决定，这可能成为你的优势吗？

d. 如果另一个参与人知道你的效用函数是什么，这对你而言是优势还是劣势呢？

3. 你是一个古董经销商，有一个客户会在 24 小时内支付 5 000 美元向你购买一盏台灯。一个批发商知道了这个客户的需求，想以 3 000 美元把这个台灯卖给你。你在截止前的最后一分钟收到了批发商的出价。你只有很少时间决定是接受这个价格，成交获利，还是拒绝这个价格，丢掉生意。在这些情形下，你会接受出价的情形有：

a. 售价是：(i) 4 000 美元，(ii) 4 500 美元，(iii) 4 950 美元。

b. 当你发现批发商误以为客户出价 7 000 美元而不是 5 000 美元时，你的决策会有什么不同吗？

4. 一个社区最近开始实施公路限速，镇议会现在要决定执法的严格程度。通过对社区和司机们的各种成本和收益进行定量分析——超速行驶节省的时间、对司机的危险、对公众的危险、对超速驾驶司机的罚款和实施的成本——镇里的博弈理论家得出的盈利矩阵如图5—2所示。

| | | 社区 | |
|---|---|---|---|
| | | 执行法律 | 忽视法律 |
| 司机 | 超速 | (−190，−25) | (10，−5) |
| | 不超速 | (0，−20) | (0，0) |

**图5—2**

矩阵反映的是社区在所有时间里都执行法规的盈利。对社区而言，执行法律还是忽视法律更“便宜”呢？有第三种选择吗？

5. 你和一个陌生人在1～10之间选一个数字。一个慈善机构向选更小数字的人支付与他所选取数字相同的几千美元。(如果你们两个都选取相同的数字，那么胜者由抛硬币决定。)

a. 如果博弈是进行：(i) 1次，(ii) 50次，你会选什么数字？

b. 这个博弈会进行50次。在头两轮里，陌生人选择10和9，你会如何决策呢？

6. 最后一个例子是一种心理测试，用于测试你和一个假想的伙伴的联合期望 (joint aspirations)。试想你们被安排到相互隔离的房间，无法交流，然后两人都收到一个数学表达式。在例子 (a) 中表达式是 $2X+5Y-$

100，你选择 $X$，你的伙伴选择 $Y$。如果你们选择的数字使表达式的结果为正，你们一无所获；如果结果是负或零，你得到 $X$ 美元，你的伙伴得到 $Y$ 美元。如果你选择 $X=10$，你的伙伴选择 $Y=2$，因为 $2\times10+5\times2-100=-70$，结果为负，所以你得到 10 美元，你的伙伴得到 2 美元。如果你选 40，你的伙伴选 5，则双方一无所获，因为 $2\times40+5\times5-100=5$，结果为正。你希望 $X$ 尽可能地大，又不想 $X$ 太大而让你的利润为零。

为了让这个问题可视化，我已经画出方程 $2X+5Y-100=0$（以及另外一些方程）的图形（见图 5—3 A～H）。用几何来解释，如果点（$X$，$Y$）在线之下或刚好压线，你和你的伙伴分别获得 $X$ 美元和 $Y$ 美元。如果在线的上方，你们都一无所获。

如果你想明智地行动，那么你们彼此应该有所了解；和前文一样，我们假设你们同样聪明，并且对待金钱持有同样的态度。

二人零和博弈的特别之处在于你可以得到博弈的解，并且还是公认的解。在这点上，零和博弈和现实中每天发生的问题不同，这些问题都没有直截了当的答案。非零和博弈也同样如此，大部分稍具复杂性的博弈都没有公认的解。这意味着不存在某一个策略会显而易见地优于其他策略，也没有单一的、明确的和可预测的结果。一般来说，即使无法得到零和博弈那种精确的解，我们也只能接受了。

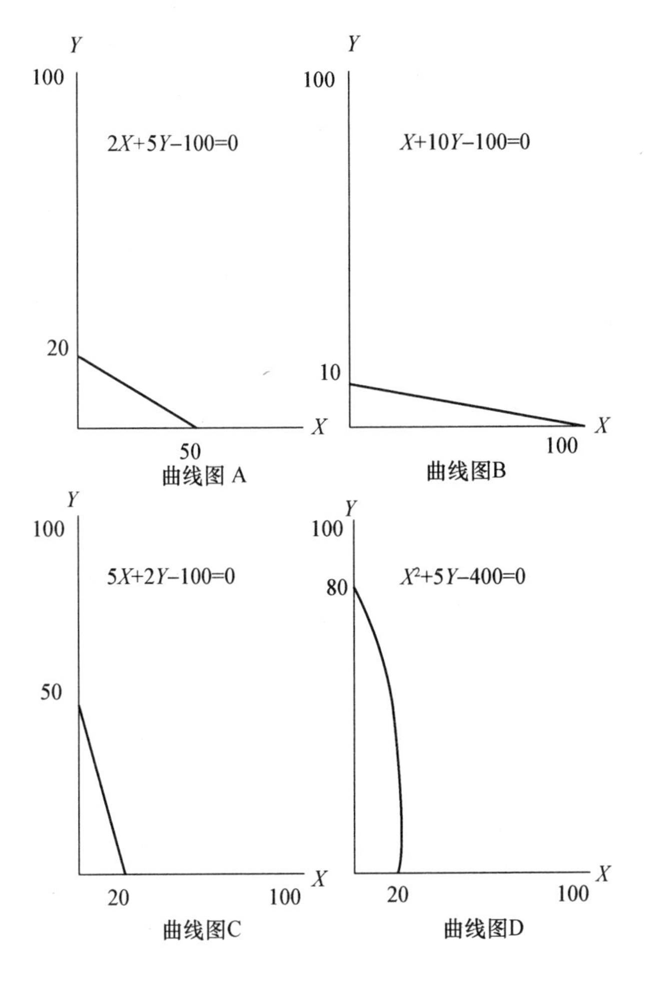


**图 5—3**

为了便于描述，让我们把所有的二人博弈都置于一个连续的维度上，而零和博弈是其中一个极端。一个二人博弈通常都包含竞争与合作的因素：参与人的利益既有对立的部分，也有互补的部分。在零和博弈中，参与人毫无共同利益。另一个极端是完全合作博弈，参与人只有共同利益。一个航班的驾驶员和控制塔的操作员组成一个合作博弈，他们

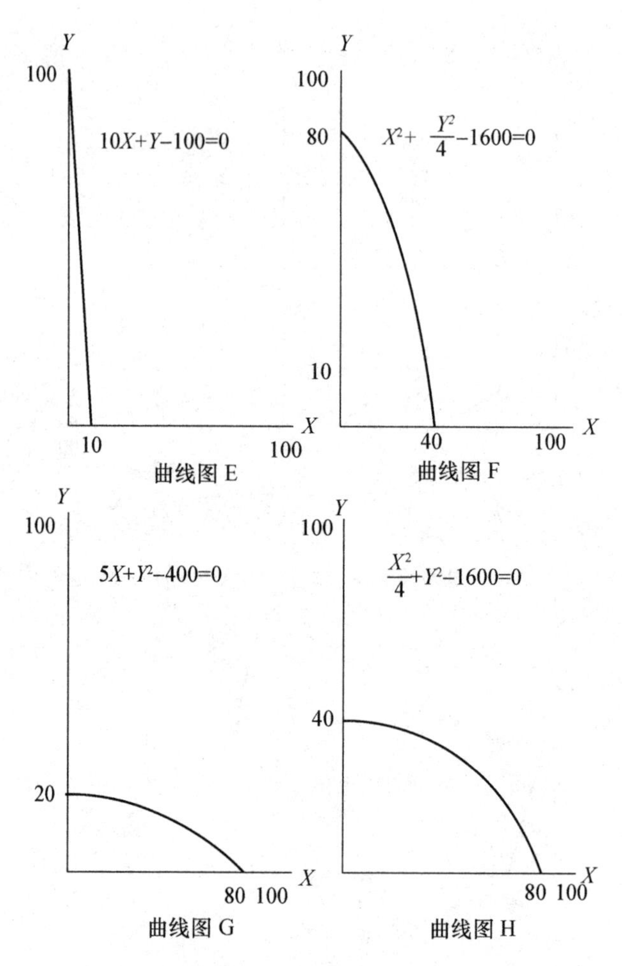


**图 5—3（续）**

共同的目标就是让飞机安全降落。避免相撞的两艘帆船、舞池里的舞伴也是在进行合作博弈。这种博弈问题、至少在概念上是容易解决的：这需要把两个参与人的努力有效地协调起来（比如通过上舞蹈课程）。

剩下的二人博弈，包括本章主要关注的目标，介于两个极端之间。同时包含合作和竞争因素的博弈，比单纯合作博弈和单纯竞争博弈更加复杂、更加有趣，在日常生活里也更为多见。比如：一个汽车销售人员和一个客户在议价（两个人都想做成买卖，但是对价格有分歧），两家银行在商议合并，两家竞争的商店，诸如此类。在这些博弈的任何一个中，参与人都有混合的动机。而且，有很多情况下参与人看似毫无共同利益，事实却不尽然。两国交战也依然会尊重停火协议，不使用毒气和核武器。事实上，零和博弈几乎一直只是现实的近似——现实中不太会出现。例如在第4章，如果例子稍微变化一下，它们就不再是零和博弈。营销问题假设总消费量是常数，但如果总消费量会随着广告计划的改变而改变（事实的确如此），博弈就变成非零和博弈了。甚至如果假设保持不变，但企业合谋一起减少广告投放量（由此减少成本），博弈也将变成非零和的。

## 分析二人非零和博弈

研究非零和博弈的最简单的途径，就是使用和研究零和博弈同样的方法。假设我们以图5—4所示的矩阵开始分析。

| | | 参与者Ⅱ A | 参与者Ⅱ B |
|---|---|---|---|
| 参与者Ⅰ | a | (0, 0) | (10, 5) |
| | b | (5, 10) | (0, 0) |

**图5—4**

注意，非零和博弈有必要给出双方的盈利，因为不再像在零和博弈中一样，一方的盈利就是另一方的损失。括号内第一个数字表示参与人Ⅰ的盈利，第二个数字是参与人Ⅱ的盈利。

很明显，参与人的共同利益是避免盈利为零。余下的问题是：谁获得 5，谁获得 10？要解决这个问题，一个成功的老办法是从其中一个参与人（例如参与人Ⅰ）的角度去观察博弈。在参与人Ⅰ看来，博弈呈现出图 5—5 的样子。因为参与人Ⅱ的盈利和参与人Ⅰ没有直接关系，所以可以忽略。

| | | 参与者Ⅱ | |
|---|---|---|---|
| | | A | B |
| 参与者Ⅰ | a | 0 | 10 |
| | b | 5 | 0 |

**图 5—5**

参与人Ⅰ最终要决定获得什么，以及用什么方法得到。从这里出发，看看如果没有参与人Ⅱ的帮助，她能得到什么。这是在任何情况下，参与人Ⅰ至少愿意满足的结果。

使用零和博弈的方法，参与人Ⅰ会发现，通过在 1/3 的时间里采取策略 a*，她可以获得 10/3 的平均收益。如果参与人Ⅱ在 2/3 时间里采取策略 A，这就是参与人Ⅰ的最大盈利了。

如果参与人Ⅱ做同样的计算，只看他自己的盈利矩阵，

---

* 原书为 A，疑似有误。——译者注

忽视参与人Ⅰ的盈利，他也可以通过在1/3的时间里采取策略A获得10/3。如果参与人Ⅰ在2/3的时间里采取策略a，这也是参与人Ⅱ的最大盈利。

目前为止一切顺利。这看起来与零和博弈里一样：每个参与人都可以获得10/3；每个参与人都无法获得更多。但为什么这不是博弈的解呢？

这个“解”的问题是盈利太低。如果两个参与人在非零盈利的策略上联合起来，那么双方都可以获得更高的收益。那些把（10/3，10/3）盈利作为解的理由，在零和博弈里成立，但在这里失效了。尽管每个参与人可以阻止对方获得多于10/3，但她或他没有理由必须这么做。参与人不再是只有让对方受损，才能让自己盈利。参与人最少会获得10/3，但他们不去追求更高盈利就太傻了。

如何获得更高盈利呢？假设参与人Ⅰ预计到前文所述的一切，并估计参与人Ⅱ在1/3的时间里采取策略A以保证获得10/3的盈利。如果参与人Ⅰ转变为纯策略a，参与人Ⅱ将依然获得他的10/3，但参与人Ⅰ现在将获得20/3：盈利是以前的两倍。问题在于参与人Ⅱ也决定要使自己的盈利加倍，并且预计参与人Ⅰ会采取保守的行动，于是选择纯策略A。如果他们同时这么做，双方都将一无所获。就像零和博弈一样，这种循环论证无法让你走得更远。

目前为止，我只是对这类问题给出一定的想法，也为了便于以后参考，让我们来看一些例子。

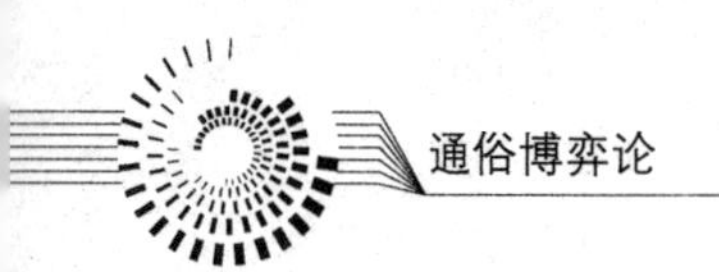


## 汽油价格战

两家相互竞争的加油站以 20 美分/加仑买入汽油，然后每天都卖出 1 000 加仑。双方同样以 25 美分/加仑卖出汽油，并平分市场。其中一个加油站在考虑降价销售。油价以整数来标价，每个加油站独立在早上定价，并保持全天不变。消费者不存在忠诚度，因此价格较低的一方会吸引所有的消费者。每个加油站的老板应该如何定价呢？如果其中一个老板知道另外一个加油站明天就要破产，答案会有什么不同吗？如果这个加油站是 10 天后破产呢？如果这个加油站是在未来一个不确定的日期破产呢？

加油站设定的每一组价格，相对应的利润见图 5—6 的矩阵。如果加油站Ⅰ报价 24 美分，加油站Ⅱ报价 23 美分，加油站Ⅱ将获得整个市场；加油站Ⅱ获得每加仑 3 美分的利润，1 000 加仑就是 30 美元，而加油站Ⅰ没有任何利润。

| 加油站Ⅰ每加仑汽油价格 | 加油站Ⅱ每加仑汽油价格 | | | | | |
|---|---|---|---|---|---|---|
| | | 25美分 | 24美分 | 23美分 | 22美分 | 21美分 |
| | 25美分 | (25, 25) | (0, 40) | (0, 30) | (0, 20) | (0, 10) |
| | 24美分 | (40, 0) | (20, 20) | (0, 30) | (0, 20) | (0, 10) |
| | 23美分 | (30, 0) | (30, 0) | (15, 15) | (0, 20) | (0, 10) |
| | 22美分 | (20, 0) | (20, 0) | (20, 0) | (10,10) | (0, 10) |
| | 21美分 | (10, 0) | (10, 0) | (10, 0) | (10, 0) | (5, 5) |

**图 5—6**

让我们从回答最简单的问题开始：如果它的竞争对手明天破产，那么一个加油站应该如何定价呢？首先要说明的是加油站出价不能低于 21 美分，也不能高于 25 美分。当价格低于 21 美分会没有利润；高于 25 美分也会失去市场。同样，你绝对不会报价 25 美分，因为这个价格被 24 美分占优。如果你的竞争对手报价 24 美分或 25 美分，那么你报价 24 美分会更好；如果你的对手报其他价格，你不会做得更糟。一个加油站不会报价 25 美分，老板也会理智地假设对手也不会报这个价格。

一旦 25 美分被双方剔除，同样的推理也可以剔除 24 美分，因为它被 23 美分的价格占优。事实上，你可以连续剔除 21 美分外的任何价格。

这里存在一个悖论。最初的状态是，每个加油站报价 25 美分/加仑，各自获得 25 美元的利润，然后它们双方通过逻辑推理，有意识地达到了双方报价 21 美分、各自只获得 5 美元利润的状态。

其中一家加油站将在 10 天而不是 1 天后破产，情况会变得稍微复杂一点。老的论证方法依然适用，但现在我们考虑的不仅是明天的利润，还有接下来 9 天的。如果一方某天降价，那么这个参与人可以肯定她或他的对手接下来也会如此做。所以即使是这种情况下，依然可以论证出最终的报价会是 21 美分。这些只有在竞争无限进行下去的时候才会失效。

这是囚徒困境博弈的一个变体，我们会在稍后继续讨论。

## 一个政治例子

州立法机构将就在 A 市和 B 市分别修建新公路的两个方案进行投票决议。如果两个城市合力，它们具有足够的政治影响力可以通过方案，但如果各自行动，单独一个城市则做不到这一点。如果一个方案通过，它将花费两个城市的纳税人 100 万美元，公路所在的城市将获利 1 000 万美元。两个方案的投票必须同时并且秘密地进行，每个议员投票时都不知道其他人的选择。那么来自 A 市和 B 市的议员应该怎么投票呢?

图 5—7 中显示了这个博弈的盈利。由于每个城市的议员总是支持自己的城市发行债券，所以议员们只有两个策略：支持或不支持另一座城市。

| 城市A \ 城市B | 支持A市发行债券 | 不支持A市发行债券 |
|---|---|---|
| 支持B市发行债券 | (8，8) | (−1，9) |
| 不支持B市发行债券 | (9，−1) | (0，0) |

**图 5—7**

矩阵中的数字以百万美元为单位。用一个例子说明他们是如何进行推断的：假设A市支持B市，但B市不支持A市。一个债券发行的方案通过了，每个城市花费100万美元，B市获得1 000万美元，A市一无所获；净效应是A市失去100万美元，B市获得900万美元。

和之前的例子一样，似乎最明智的方法是反对其他城市的债券发行。如果每个城市都采取这个策略，它们都将一无所获；反之，每个城市获得800万美元。

## 性别战

另外一种有趣的二人非零和博弈是由R. 邓肯·卡斯和霍华德·雷法（R. Duncan Luce and Howard Raiffa，1957）提出的性别战。一个丈夫和他的妻子已经决定，今晚他们要么去看芭蕾舞，要么去看职业拳击赛。他们两个都偏好一起行动，而不是各自行动。虽然丈夫非常希望妻子和他一起去看拳击赛，但他会更偏好于和妻子一起去看芭蕾舞而不是他独自一个去看拳击赛。类似地，妻子的第一个选择是他们一起去看芭蕾舞，但她偏好和丈夫一起去看拳击赛而不是她独自去看芭蕾舞。这个博弈的矩阵如图5—8所示，盈利反映了参与人的偏好次序。这本质上和我在本章开头所介绍的博弈是同一个类型。

| | | 丈夫 | |
|---|---|---|---|
| | | 拳击赛 | 芭蕾舞 |
| 妻子 | 拳击赛 | (2，3) | (1，1) |
| | 芭蕾舞 | (1，1) | (3，2) |

图 5—8

## 商业伙伴

一份合同要求一个建筑商和一个设计师共同设计并建造一栋建筑。报酬是一次付清，他们有一周时间决定是否接受合同。合同必须双方共同签署，所以他们要决定如何分配这笔款项。设计师写信给建筑商，建议平分利润。建筑商回复，他必须获得 60％的利润才会签字。他还告诉设计师他要外出 2 周，肯定无法联系上，由设计师来决定要么以这种条件接受合同，要么完全拒绝。

设计师感觉到自己被剥削了。一方面，她觉得她的服务和建筑商的一样有价值，每个人应该获得利润的一半。另一方面，因为利润很丰厚，在其他情况下她也可能会接受总额的 40％。她应该接受建筑商的提议吗？注意，建筑商没有选择，只剩下设计师有一个选择——接受或拒绝合同。盈利矩阵如图 5—9 所示。

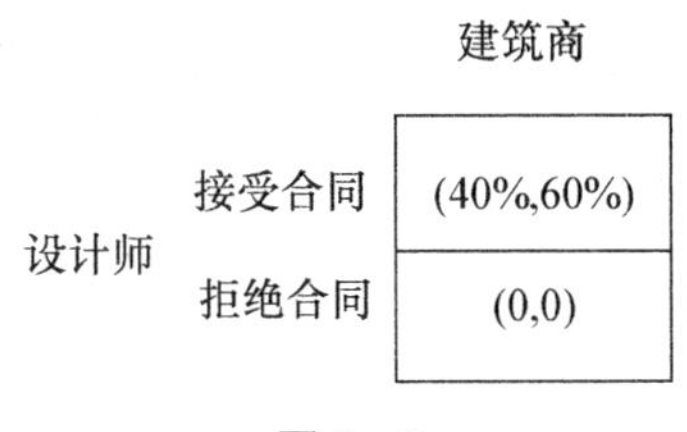


图 5—9

## 营销的例子

两家竞争的企业各准备买一小时电视广告时间去宣传它的产品，它们可以在早上或晚上进行宣传。电视观众可分成两组，40％的观众是在早上看电视，剩下的 60％是在晚上看电视，两组观众之间没有重合。如果两家企业都在同一时间做广告，每家企业只能把产品卖给 30％的电视观众，而无法销售给不在这个时段看电视的观众。如果它们在不同的时间做广告，每家企业能营销 50％看电视的观众。它们应该在什么时候做广告呢？它们应该在决策前商量一下吗？图 5—10 是这个博弈的盈利矩阵。

| | | 企业Ⅱ | |
|---|---|---|---|
| | | 早间广告 | 晚间广告 |
| 企业Ⅰ | 早间广告 | (12，12) | (20，30) |
| | 晚间广告 | (30，20) | (18，18) |

图 5—10

矩阵中数字是以每家企业所能覆盖的观众比例为单位。

如果企业Ⅰ选择晚间时段，企业Ⅱ选择早间时段，企业Ⅰ能营销 60%的一半即 30%的观众，企业Ⅱ能营销 40%的一半即 20%的观众。

## 一些困难

二人零和博弈有很多不同的形式，但它们都有相同的基本结构。通过观察盈利矩阵，你可以很容易纵观全貌，非零和博弈却并非如此。除了盈利矩阵，还有很多“博弈的规则”会明显地影响到博弈的性质。必须事先阐明这些规则，你才能明智地讨论这个博弈。单凭盈利矩阵并不能说明什么。

为了更清楚地说明这一点，让我们回到图 5.4 所讨论的第一个例子。在那个例子里，盈利是（0，0）、（10，5）和（5，10），我故意省略了很多非常重要的细节。参与人能事先商量并且为他们的策略达成一致吗？这些协议会得到遵守吗？仲裁人或者执行人会坚持执行协议吗？或者说协议只有道德上的约束力？在一个参与人已经获得 5、另一个获得 10 后，有可能再重新分配让每个人分别获得 7.5 吗？（在一些博弈里他们可以；另一些博弈则不行。）在加油站价格战博弈里，两个加油站合谋固定价格是可行的（合法的）吗？

可以预见，这类因素会对博弈结果造成重大影响，但是

它们的实际效果经常会和人们的预期不同。

在你研究过二人零和博弈以后，非零和博弈的一些特质就像是从《爱丽丝梦游仙境》（*Alice in Wonderland*）里冒出来的一样。很多“显而易见的”真理——就像星星是固定在天空之中——不再成立。让我们看一些例子：

1. 你可能会认为，允许交流对于参与人绝对不是坏事。毕竟参与人起码可以选择不行使交流的权利，这样就等于回到了禁止交流的状况。但事实正好相反，无法交流也可能是参与人的优势，但只要允许交流，这种优势就会丧失，即使实际上并没有交流发生。（在零和博弈中不会这样。交流既不是优势也不是劣势，因为参与人对其他人没什么好说的。）

2. 假设在一个对称博弈里——在这个博弈中，从不同参与人的角度看盈利矩阵是一模一样的——参与人Ⅰ首先选择一个策略，参与人Ⅱ在观察到参与人Ⅰ的选择之后再进行决策。你会认为双方的角色相同，但参与人Ⅱ具有一些额外信息，所以参与人Ⅱ的境况至少不比参与人Ⅰ差。在零和博弈里，这样的情形对参与人Ⅰ绝无好处，但在非零和博弈里，却可能是参与人Ⅰ的优势。一般来说，即使规则不要求他或她先决策，或者不要求公开自己的策略使其不可撤销，先行动也是一项优势。

3. 假设博弈规则发生改变，使得一些参与人不再

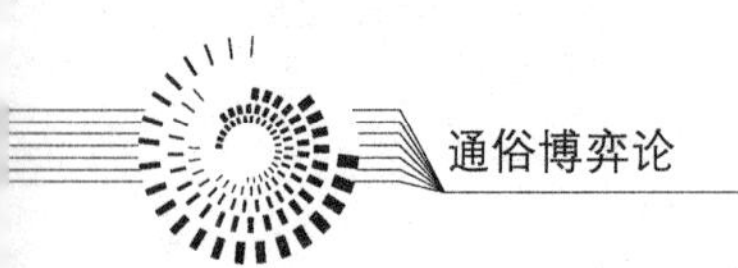


能选择一些本来可用的策略。在零和博弈里，参与人可能没有损失，但肯定也没有好处；在非零和博弈里，参与人可能因此获利良多。

4. 在非零和博弈里，参与人经常因为对手不知道他或她的效用函数而获利，这并不奇怪。奇怪的是，有时对手知道你的效用函数，你反而有优势，他或她会因此遭受损失。这在零和博弈里是不会发生的：因为它假设了每个参与人都知道其他人的效用函数。

## 交　流

参与人之间的交流程度对博弈结果有深远的影响。这里有很多可能性。一个极端是，博弈不允许参与人之间有任何交流，并且博弈只进行一次（这点很重要，后面我会解释）；另一个极端是博弈允许参与人自由地交流。一般来说，一个博弈越倾向于合作，参与人的利益就越一致，交流也就越重要。零和博弈是完全竞争性的，交流没有意义；在完全合作的博弈里，交流是唯一要解决的问题，因此交流非常关键。

在参与人可以自由交流的合作博弈里，没有什么概念上的困难。当然可能存在技术上的困难，例如在交通繁忙的时刻控制台对飞行员进行引导。但是如果两个参与人不直接进行交流就会产生问题，例如两艘帆船的船长要尽力在湍流中避免相撞，或者两个游击队员深入敌后作战。

在完全合作博弈里，交流完全是一件好事。而在参与人有一些利益冲突的博弈里，交流的角色更加复杂。要明白这一点，观察图5—11所示的博弈，在这个博弈里有两个基本属性是毫无价值的。不论对手采取哪个策略，参与人选择策略B总是较优的。同样，不论一个参与人最后选择什么策略，对手选择策略A对他而言总有好处。把两者结合起来就有冲突：一方面，每一个参与人都应该采取策略B；另一方面，每个参与人都期望对方采取策略A。解决冲突的方法是双方都选择A而不是B，这对双方都有好处。那么参与人应该如何达成这个结果呢？

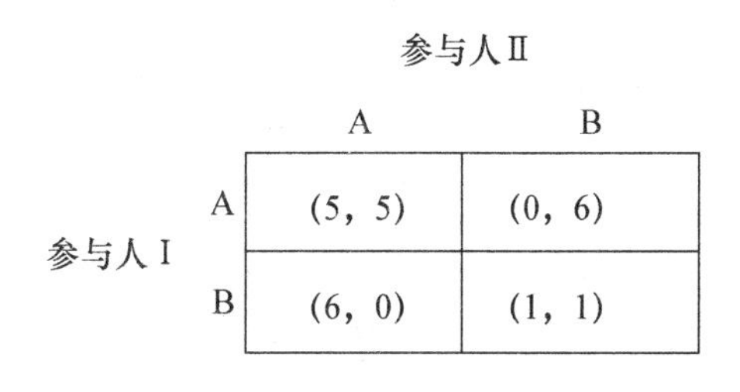

| | | 参与人Ⅱ A | 参与人Ⅱ B |
|---|---|---|---|
| 参与人Ⅰ | A | (5, 5) | (0, 6) |
| | B | (6, 0) | (1, 1) |

**图5—11**

如果博弈只进行一次，达成（5，5）——有时候称为合作解——的可能性不大。没有参与人可以影响对手的选择，所以每个人最好是选B。当博弈是重复进行时就有一些不同，可能某一方的对手会被引诱去选A，这样最后可能达到（5，5）的盈利。

如果博弈是重复进行的，就有机会达成这样的盈利。在具体的情境下，你如何说服对手选择合作呢？一种方法是单方面采取一个明显劣势的策略（像这个例子里的策略 A），并希望其他参与人理解你的意图。如果你的对手很愚蠢或者很固执，你只能以策略 B 作回应，从而获得盈利 1。事实上，即使参与人之间没有直接沟通，交流也是可能的。

这种不开口的交流通常都没什么效率，因为它一般会被误解。梅里尔 · M. 弗勒德（Merrill M. Flood，1952）描述一个实验，类似之前的加油站价格战，这个博弈由两个老练的参与人进行 100 次。参与人在博弈进行时做了笔录，毫无疑问，参与人之间是没有交流的。正如接下来我们可以看到的，在其他实验里，这个结论依然成立。

即使合作的信息已经充分传递，接收者的最优反应也不是马上去接受它。最优反应应该是先“误解”，然后让其他参与人去“教”你，在其他参与人失去希望时，再采取合作策略。在上面的例子里采取这个策略，你在“学习”的阶段将获得 6，合作的阶段获得 5，有证据显示，这在弗勒德的实验里的确发生过。不过这是一个危险的博弈，在接下来讨论的计算机进行囚徒困境博弈里我们会看到这一点。

卢斯和雷法（Luce and Raiffa，1957）提出一个有趣的方法来利用参与人之间无法联合的事实。他们让一家公司为两个参与人提供两个可选择的策略：一个安全策略和一个背叛策略。如果他们都采取安全策略，则他们每人获得 1 美元；如果他们都采取背叛策略，他们每人损失 5 美分；如果一个参与人采取安全策略，另外一个采取背叛策略，则选安全策略的参与人获得 1 美元，选背叛策略的参与人获得 1 000美元。图 5—12 所示的矩阵展示了 可能的结果。卢斯和雷法认为，只要参与人不允许交流并且博弈只进行一次，公司不仅不必支付巨款，还能得到免费宣传。

| | | 参与人Ⅱ | |
|---|---|---|---|
| | | 安全 | 背叛 |
| 参与人Ⅰ | 安全 | ($1，$1) | ($1，$1 000) |
| | 背叛 | ($1 000，$1) | (–5c，–5c) |

**图 5—12**

就我们所见的博弈而言，能够交流似乎是一种优势。到目前为止，参与人也只发出过合作的信息，显然符合双方参与人的利益，否则就不会发出邀约，或者发出了也不会被接受，不过交流的内容也可能是威胁。图 5—13 是由卢斯和雷法修改过的博弈，比较一下参与人可以交流和不可以交流时会发生什么。

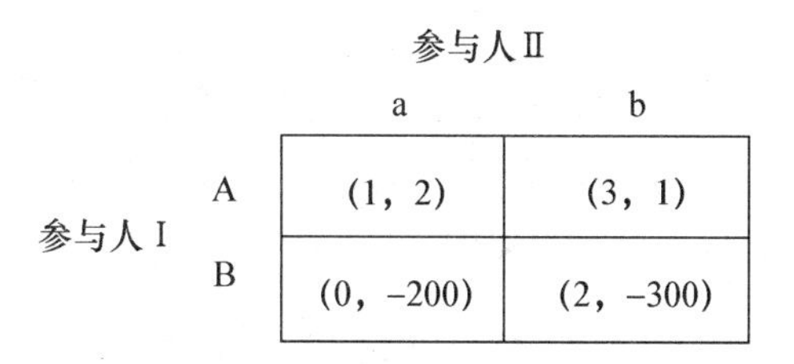

| | | 参与人Ⅱ | |
|---|---|---|---|
| | | a | b |
| 参与人Ⅰ | A | (1，2) | (3，1) |
| | B | (0，–200) | (2，–300) |

**图 5—13**

如果参与人不能交流，当然就不会受到威胁。参与人Ⅰ最好是采取策略 A，参与人Ⅱ最好采取策略 a。当参与人允许交流时，情况就完全不同了。后续的变化并不确定，这取

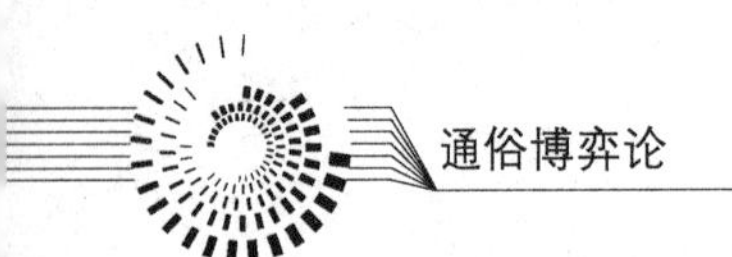


决于我们没有讨论到的情形。不过在任何情况下，参与人Ⅱ的境况都会恶化。如果参与人之间的协议可以强制执行，那么参与人Ⅰ可以威胁采取策略B，除非参与人Ⅱ采取策略b。如果参与人Ⅱ妥协，相对于原来（1，2）的盈利，参与人Ⅰ将多得到2而参与人Ⅱ将损失1。如果允许补偿性支付，参与人Ⅱ的境况变得更加糟糕。不仅参与人Ⅰ可以操控参与人Ⅱ的策略，而且还能在台面下要求更多。的确，参与人Ⅱ可以拒绝和参与人Ⅰ谈判，单纯地无视他的威胁。参与人Ⅰ最好的做法还是采取策略A，但很难说，受到粗暴的拒绝会不会对他的行为、自利心或火爆脾气产生严重的影响？而关键在于，如果根本不可能交流，参与人Ⅱ可以避免所有这些难题。

## 行动的顺序

在零和博弈中，参与人同时选择他们的策略，双方都不知道对手的选择。如果一个参与人提前发现对手的策略，至少在理论上他或她就会很大的优势，博弈就变得一目了然了。非零和博弈却全然不同，即使一个参与人知道对手的策略，博弈也依然非常复杂。进一步来说，这种信息的优势可能会成为一种劣势。让我们看一个例子。

买卖双方正在协商一份合约，买卖的价格和数量还有待决定。根据现有的程序，卖方首先确定价格，事后不能更改，然后买方说出他想购买的数量。

在这种情况下，一个批发商想以4美元/个和5美元/个从生产商那里买两个商品。零售商有两个客户想买这两个商品，一个愿意支付9美元，一个愿意支付10美元。如果谈判机制如前所述，参与人应该采取什么策略？结果将会怎么样呢？

这个博弈有些重要的特征要说明一下。很明显对双方来说，进行合作并以某种方式分享10美元的潜在利润对他们都有好处。如果他们平分利润，得到一个“公平”的结果，那么销售价格应该定为7美元。

不过，批发商可能想要获得更多利润。如果她把价格定在8美元而不是7美元，零售商出于利润的考虑，依旧把商品都买下来，但他只能获利3美元而不是5美元。（如果他只买一件商品，他的利润是2美元，如果他什么都不买，就根本没有利润。）实际上，谈判机制要求批发商先决策，使得她可以对零售商施压，这是她的优势。

的确，零售商不需要为了自己的“利益”而机械地行动，任由自己被剥削。再者，在纯粹的谈判博弈里，买方和卖方同时就价格和数量自由地谈判，参与人并不总会达成7美元的售价。个人因素可能以某种方式影响价格。即使批发商首先行动，结果也很难预料，不过一般来说这会让他有优势。

## 不完美信息的效应

劳伦斯·E. 福雷克和西德尼·西格尔（Lwarence E. Fouraker and Sidney Siegel，1963）进行了一系列实验研究，批发商—零售商博弈只是其中的一例。这个博弈有很多改版，买卖价格保持不变，但规则和博弈的特性有所不同。在新版本中，批发商只知道她自己的利润，零售商知道双方的利润。另外，零售商知道批发商并不知道这一点。

改版和原版博弈的基本差异是批发商出高价时零售商的反应。在初始博弈中，两个参与人都有完整的信息，批发商出高价在零售商看来是贪婪的表现，因此他往往会拒绝妥协。但是如果零售商明白，批发商不知道自己的出价会分到总利润中的多大比例，零售商一般会接受对方的出价，他在这种情况下只能尽力而为。因此批发商有更少信息的时候经常能获得更多利润，零售商自然就获得更少了。

一个推论就是，如果对手的信息很充分，这经常会成为参与人的优势。设想，在一个劳资纠纷中，劳方目标如果达成，可能会迫使公司破产。在这种情况下，公司应该意识到，工会知道它们的要求会导致的后果。当然，公司的真正目的与其说是让工会知道真相，不如说是让工会明白它们的目的是无法达成的。这样一来，谎言也可以达到相同的效果。因此公司可能会试图欺骗工会，声称如果答应涨工资，

公司就会失去竞争力。或者在效用函数方面撒谎——公司更倾向于延长罢工时间而不是答应涨薪，但事实上根本不是如此，工会方面则可能会夸大罢工基金。小拉尔夫·卡萨迪（Ralph Cassady, Jr.，1957）提出在出租车价格战中，竞争者用一些技巧去“告知”（误导）他们的对手。他们印刷一些标志——实际不会使用——标明的价格明显比现行价格更低，并确保会被竞争对手看到。他们还泄露公司所有者继承了一笔财产（实际上他只继承了很小一部分的钱）的“消息”，从而显示出公司有能力并且计划维持一段时间的竞争。

在这种情况下，如果可以使对手相信他们的观点和能力，而不管事实如何，参与人都可以增加盈利。（如果你非常想要一件的古董，谈价钱的时候你最好不要让卖方知道这一点。）如果参与人真的具有前文所述的这些能力和观点，当对手有充分的信息时，参与人能增加盈利。

## 选择受限的效应

参与人有时候无法采取某些策略，如果参与人的选择受到限制，反而可能成为他的优势，这是非零和博弈的悖论之一。这看似荒谬，禁止采用某些策略怎么能让参与人增加盈利呢？如果参与人无法采用某些策略是优势，他或她可以通过不采取该策略得到同样的效果吗？答案是否定的；假装你没有某些选择，和你根本没有这些选择不是一回事。例如，在劳资纠纷的例子里，严格的战时禁令事实上阻止了公司涨工资。这种情况下，原本会选择罢工的工会很可能毫无怨言地继续工作。同理，在性别战里，如果妻子看到血就会晕倒所以没法去看拳击比赛，这就会成为她的优势。

如果参与人的选择不会受到外界的限制，他们可以通过单方面限制自己从而获取优势，不过这不见得总是有效。在性别战里，如果妻子提前买两张票迫使她丈夫去看芭蕾舞，她的丈夫可能会发火而拒绝陪她；如果她是因为晕血这种无法控制的因素而不能看拳击比赛，他的想法就可能不同了。

限制你的选择从而获得优势，这个原理还可以应用到其他地方。我们已经在“商业伙伴”的例子里看到了一个应用。另一个应用是名叫“末日机器”的假想武器，这件武器威力无穷，一旦制造这件武器的国家被袭击就会自动发射。

制造末日机器的关键是：只要防御国拥有不反击的权利，那么它们就为不受惩罚的攻击敞开了大门。一个潜在的侵略者可能会威胁采取一个更加严重的袭击来阻止防御国进行反击。有了末日机器，防御国别无选择，只能反击。同样，让对手有充分的信息会成为参与人的优势，如果你有末日机器，最好让所有人都知道。

## 威　胁

威胁是一种宣言，指的是你会在一定条件下做出一定的行动。就像末日机器一样，一个威胁限制你未来的行动："如果你降价5美分，我会降价10美分。"不同的是，自我施加的约束不是强制性的，你总能改变自己的想法。威胁的目的是改变某人的行为：让那个人做原本不会做的事情。如果把威胁付诸实施，会对被威胁方造成伤害，但这也是发出威胁一方的劣势。

威胁只有在可信的时候才有效。实施威胁一方所支付的代价越大，则威胁的可信度越低。这会导致如下悖论：如果实施威胁的代价很高，发出威胁的一方就未必愿意斩钉截铁地去执行，这也是威胁被无视的一大原因。当你要买一辆新车正在砍价的时候，你应该无视这句话："2 000美元，少一分钱也不卖"。如果卖家确定在这个价格一辆车都卖不出去，他或她稍后可能会选择忽视自己发出的威胁。但是，如果价格是由主管决定的，而销售是由工资和业绩不挂钩的销售员来完成的，那么"不降价"的威胁很可能就真的无法改变了。当然，这种情况下商店必须接受损失销售额的可能。在性别战里，其中一个参与人可能威胁独自外出，但是威胁同样并非不可撤销，其他参与人可能威胁要抵制。在批发商—零售商的例子里，根据博弈规则，批发商必须坚守她的标价，结果威胁就会有力得多。

往往参与人双方都可能会威胁对方。例如在议价博弈里，买卖双方都可能拒绝成交，直到价格合适为止；在性别战里，每个参与人都可以威胁单独参加他或她喜欢的娱乐活动。不过偶尔也会只有一个参与人处于威胁对方的地位。迈克尔·马斯库勒（Michael Maschler，1963）在一个用于检测非法核试验的模型里研究过这种情形。

在这个模型里，两个参与人代表两个签署了禁止核试验条约的国家。其中一方在考虑违反协议，如果违约发生，另一方希望能够检测出违约。（事实上，一个国家可能扮演任意一方，也可能同时扮演博弈中双方的角色。）检测国有检测设备可以分辨出电磁扰动是自然现象还是人为现象，以此安排进行现场检测。严格的数学分析包括检测的时机，如果违约存在，应该最大化发现违约的概率，并且判断潜在的违约方是否真的在进行核试验。

很明显这不是一个零和博弈，因为可以认为检测方和被检测方都偏好不存在违约，胜过违约并且被发现，假定这一点在博弈的各种情况下都成立。马斯库勒发现，检测方的最佳做法是提前宣布所要采取的策略，并坚持这个策略，这和批发商通过设定高价来增加盈利是一致的。（这基于以下假设：违约方会相信对方所宣称的策略，并且按自己的利益来行动；没有理由认为违约方会不相信对方，因为对于检测方来说，最符合自身利益的行动就是实话实说。）为什么核试验的一方不能采取类似策略呢？以某些方式宣布欺骗的意图，检测方要怎么办？悉听尊便？如果你只看盈利矩阵，很明显检测方可以这么做，只是在现实政治中这是不可行的。

亨利·汉堡（Henry Hamburger，1979）阐述了一个社区如何使用同样的原理来实施限速法律。他在一系列因素的基础上，估计了潜在超速者和社区的效用，这些因素包括：（1）超速所节省的时间；（2）司机的风险；（3）司机被抓时的罚款；（4）执行成本；（5）超速对其他人的危害。由此得出如图5—14所示的矩阵。

| | | 社区 | |
|---|---|---|---|
| | | 执法 | 忽视 |
| 司机 | 违反 | (−190，−25) | (10，−5) |
| | 遵守 | (0，−20) | (0，0) |

**图5—14**

表面看，不论司机做什么，社区较好的选择都是忽视超速行为。在这种情况下，可以预期司机会漠视法律，社区的盈利将是−5。但是如果社区宣布并实施在10%的时间里执法的政策，那么可以用图5—15表示这一情形。

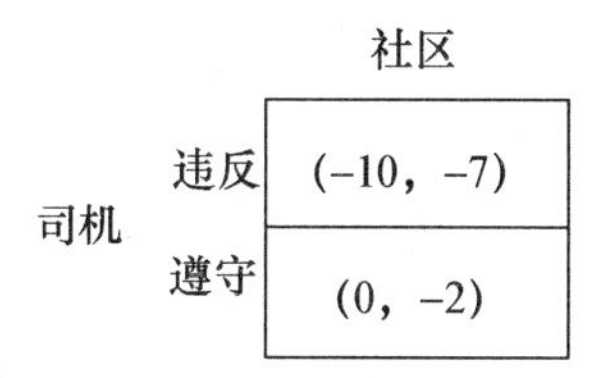

| | | 社区 |
|---|---|---|
| 司机 | 违反 | (−10，−7) |
| | 遵守 | (0，−2) |

**图5—15**

现在遵守法律是司机的最佳选择，社区的损失仅仅是2。

再一次，只看图5—14，司机可以事先定好策略来逼迫社区做出选择，不过在真实世界里这是不现实的。

## 有约束力的协议和补偿支付

当参与人进行谈判的时候，经常达成某种协议。某些博弈没有强制实施协议的机制，参与人违反承诺可以不受惩罚。不过另一些博弈却并非如此，虽然任何协议的达成都是自愿的，但一旦达成，会有规则来确保协议的执行。能够达成有约束力的协议，对博弈的性质有很重要的影响。

让我们看一下和梅里尔·M. 弗勒德有关的一则轶闻，尽管这个博弈参与人不止两个，但也适合在此处讨论。

弗勒德想让他孩子中的一个去照看另外几个。他提出了一个选择小保姆的公平方法：让年纪较大的几个孩子进行一个逆向拍卖来确定照顾别人的价格。他会以 4 美元的价格开始（这是他愿意给出的最高价），孩子们会轮番投标，价格逐次降低，直到竞价结束；最后一个投标的人会以此价格来照顾其他孩子。

不久孩子们就发现可以合谋。当他们问起这件事时，他们的父亲会说如果他们满足两个条件，他们可以“操纵”竞价：最后价格不得超过最初定好的 4 美元上限；孩子们必须预先决定好谁来做照顾小孩，以及如何分钱。实际上孩子们没能达成协议，几天之后举行了一次善意的拍卖（bona fide auction），最后价格定在 90 美分。可见，只有交流的机会和存在实施协议的机制不足以保证协议会达成。在这个博弈里，无法团结一致的结果远远劣于参与人联合行动的结果。

某些博弈里，一个参与人可能通过提供补偿支付——一种私下的支付，来影响另一个参与人的行动。这正是弗勒德的替人照顾婴儿的情况。如果当初孩子们可以达成协议，负责照顾婴儿的孩子就可以支付一定数额让其他孩子不参与竞价。

不过在很多博弈中，参与人不能或者无法进行补偿支付。有时候这是政策问题——当政府邀请私人公司来竞标一份合同，并不希望出现竞标者之间使用合作策略和补偿支付。有时候补偿支付无法实施是因为不存在能够在参与人之间转移的盈利。在性别战里，妻子因丈夫带她去看芭蕾舞而感受到快乐是无法转移的。（不过她可以在未来的博弈里报答丈夫：可能下一次她会去看拳击赛。）类似地，一个立法委员被禁止向别人直接送钱来报答对方的支持，但可以在未来以行动回报对方。

图 5—16 所示的简单例子有助于理清补偿支付的作用。如果不能采用补偿支付，那么参与人Ⅱ最好是采取策略 B，获得 1 美元。如果可以采用补偿支付（如果参与人可以达成有约束力的协议），博弈就大有不同。参与人Ⅱ有条件可以要求从参与人Ⅰ的 1 000 美元中分走相当大的份额，如果参与人Ⅰ拒绝，他可能只剩下 100 美元。究竟参与人Ⅱ是否真的会牺牲 1 美元来把她的威胁坚持到底，就只能由参与人Ⅰ自己来判断了。

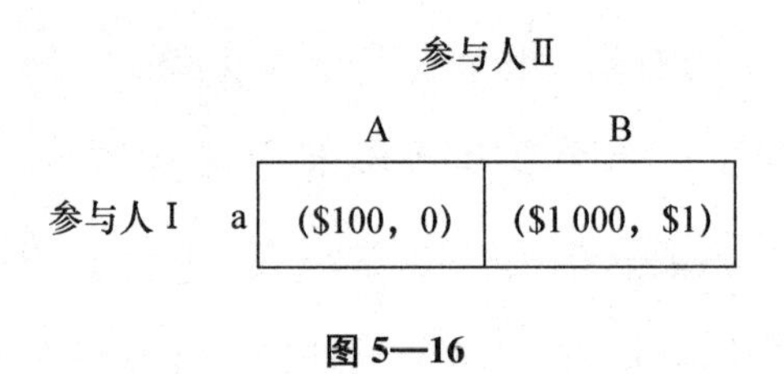

参与人Ⅱ

| | | A | B |
|---|---|---|---|
| 参与人Ⅰ | a | ($100, 0) | ($1 000, $1) |

图 5—16

在这种博弈里，你完全无从预测，甚至不能做出理论上的推断。在实践中，结果很大程度取决于蛋糕的大小。在图 5—17 所示的博弈 1 和 2 里，参与人允许交流，可以达成有约束力的协议，但是禁止补偿支付。

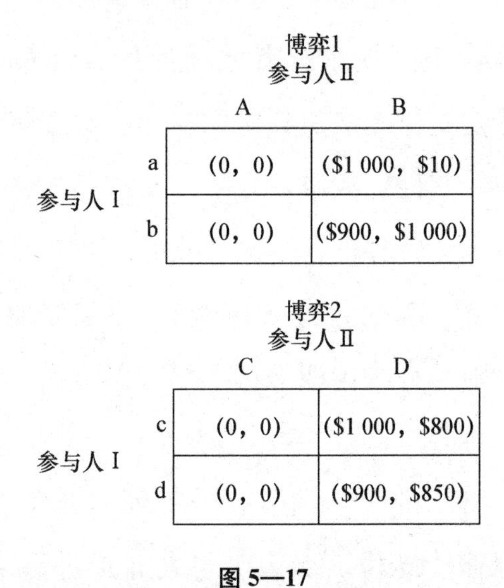

博弈1
参与人Ⅱ

| | | A | B |
|---|---|---|---|
| 参与人Ⅰ | a | (0, 0) | ($1 000, $10) |
| | b | (0, 0) | ($900, $1 000) |

博弈2
参与人Ⅱ

| | | C | D |
|---|---|---|---|
| 参与人Ⅰ | c | (0, 0) | ($1 000, $800) |
| | d | (0, 0) | ($900, $850) |

图 5—17

在博弈 1 里，参与人Ⅱ为了获得 1 000 美元，会采取策略 B 并劝说参与人Ⅰ采取策略 b。参与人Ⅱ威胁要采取策略 A，这会使参与人Ⅰ的盈利减少为 0，但自己付出的代价只有 10 美元。谨慎的性格似乎会让参与人Ⅰ选择 900 美元。

在博弈 2 里也会进行同样的讨论，但现在参与人Ⅱ的威胁就没那么可信了。她的“恶意”策略——策略 C，尽管对参与人Ⅰ的威胁并无不同，但自己付出的代价要昂贵得多。但这依然很难说参与人会作何选择。如果参与人Ⅰ真的让参与人Ⅱ摊牌，那么博弈 1 对他来说比博弈 2 要危险得多。

## 越狱的例子

1965 年 6 月 28 日，《纽约时报》（*New York Times*）报道了一篇新闻，对这些因素作了形象的描绘。文章讲述了一个骚乱中的监狱，两个狱警被挟持为人质。只要狱警依然是被挟持，狱长就拒绝与囚犯谈判，狱警最后毫发未损地被释放了。狱长如此说："他们要做交易，而我绝不会做任何交易。所以我根本不会听他们说的话，也不知道交易的内容是什么。"图 5—18 分析了这个"博弈"。

| | | 狱长 | |
|---|---|---|---|
| | | 谈判 | 不谈判 |
| 囚犯 | 伤害狱警 | A | C |
| | 释放狱警 | B | D |

**图 5—18**

我们首先排除了 A，因为如果囚犯会被释放，那么伤害狱警也不会带来任何好处。在剩下的三个可能情况中，囚犯最偏好 B，然后是 D，最后是 C。C 意味着额外的惩罚却没有任何补偿。狱长最偏好 D，然后（假设）是 B，最后是 C。

囚犯们的唯一谈判机会就是扬言如果不释放他们，他们就会伤害人质，而且期望对方会相信自己的威胁。不过狱长禁止交流，他拒绝去听“交易的内容”。事实上，他采取的策略是绝不释放囚犯，从而迫使囚犯在C和D之间做选择。他希望囚犯们会两害相权取其轻，选择D而不是C。囚犯的选择果然不出所料，但如果他们极端怀恨在心，可能会做出完全相反的选择。狱长的选择是否正确，其实关键是要看犯人有多么理性。实际上，狱长和人质们成功了。

## 囚徒困境

两个嫌疑犯被逮捕归案，警方把他们分开关押起来。每个嫌疑人可以选择坦白，或者保持沉默，每个人都清楚他行动可能的结果。结果包括：(1) 如果一个嫌疑人坦白，而他的同伙不坦白，坦白的人因为提供证据而被释放，另外一个人要坐牢20年；(2) 如果两个嫌疑人都坦白，他们都坐牢5年；(3) 如果嫌疑人都保持沉默，他们都会因为携带违禁武器坐牢1年，这个惩罚要轻得多。我们假设不存在“盗亦有道”，每个嫌疑人只关心他自己的利益。在这种情况下，犯人应该作何选择呢？如图5—19所示的是著名的囚徒困境博弈，最初由A. W. 塔克（A. W. Tucker）提出，是博弈论短暂历史中的一个经典例子。

| | | 嫌疑人Ⅱ | |
|---|---|---|---|
| | | 坦白 | 沉默 |
| 嫌疑人Ⅰ | 坦白 | (5, 5) | (0, 20) |
| | 沉默 | (20, 0) | (1, 1) |

**图5—19**

让我们从其中一个嫌疑人的角度来看囚徒困境。因为必须在对同伙的选择毫不知情的情况下做出自己的选择，所以必须考虑每种可能，并预计它们对自己的影响。

假设他的同伙坦白，我们这个嫌疑人要么保持沉默而坐牢 20 年，要么也坦白而坐牢 5 年。或者，他的同伙保持沉默，他可以也保持沉默而坐牢 1 年，或者坦白而获得自由。很明显，在任何情况下，坦白都是他更好的选择！那问题在哪里呢?

悖论在于，如果这两个囚犯太笨，不足以做出上面的推断，于是一起保持沉默，他们都只要坐牢 1 年。如果这两个囚犯都老谋深算，按照博弈论最优的建议一起都坦白，反而要坐牢 5 年，结果聪明反被聪明误。

稍后我们会再讨论这个问题，先来考察这个博弈的关键要素。每个参与人有两个基本选择：可以选择“合作”或者“不合作”。当所有参与人合作地行动，会比他们每个人都不合作的收益更大。当给定任何其他人的策略，一个参与人不合作的收益更大。

下面的例子除了场景有区别，基本的要素都具备：

1. 两家公司在一个特定的市场上销售同样的产品。不论是产品的价格还是两家公司的总销售额都不会年年发生变化。变化的是市场份额，这取决于它们各自的广告预算。为简便起见，假设每个企业只有两种选择：花费 100 万美元或 1 000 万美元。广告预算的规模决定了市场份额，最终还决定

了每个公司的利润，详情如下：

如果两个公司都花费600万美元，它们都获得500万美元的利润。如果一个公司花费1 000万美元，而它的对手只花费600万美元，这个公司的利润会上升到800万美元，作为代价，它的对手现在损失了200万美元。如果两个公司都花费1 000万美元，额外的营销变成了浪费，因为市场容量一定，每个公司的相对市场份额保持不变，结果每个公司的利润下降到100万美元。禁止公司之间的合谋，博弈如图5—20所示。

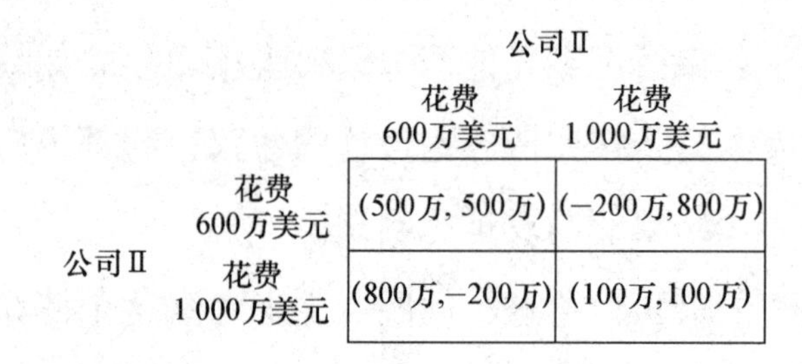

| | | 公司Ⅱ | |
|---|---|---|---|
| | | 花费<br>600万美元 | 花费<br>1 000万美元 |
| 公司Ⅱ | 花费<br>600万美元 | (500万, 500万) | (−200万,800万) |
| | 花费<br>1 000万美元 | (800万,−200万) | (100万,100万) |

**图5—20**

2. 水资源短缺，各方鼓励市民减少水的消费。一方面，如果每个市民只考虑私利，没有人会节约用水。显然个人的任何节约对城市供水的影响微乎其微，但由此带来的不便却要由自己来承担。另一方面，如果每个人都基于自己的利益行动，结果是所有人共同的灾难。

3. 如果没有人纳税，政府机构就会破产。可以假定所有市民都偏好每个人（包括他们自己）都交税，胜过每个人都不交税。当然最好的肯定是除了自己之外所有人都交税。

4. 在几年生产过剩之后，农场主们同意自愿限制他们的产量，促使价格上涨。不过没有一个农场主的产量足以影响价格，因此每个农场主都会开足马力进行生产和销售，能捞多少是多少，于是生产过剩再次爆发了。

5. 两个敌对的国家正在制定各自的军费预算。双方都想通过建立一支更强大的军队来创造军事优势；最后双方依然势均力敌，只是都穷了很多。

正如我们所见，这类问题俯拾皆是。为方便起见，让我们把注意力集中在第一个博弈上——两家公司在制定它们的广告预算。博弈是同一个，只是略有变化。预算不会只制定一次，更现实的假定是，在一段时间，比如 20 年里，每年都会制定一次广告预算。当在任何给定年份，每个公司制定预算的时候，它都知道对手在过去花费了多少。

在讨论囚徒困境时，我们已经知道如果这个博弈只进行一次，囚犯除了坦白没有别的选择。同样的推理，结论就会是每个公司要花费 1 000 万美元。但如果这个博弈重复进行，这个判断就不那么有力了。如果你在某一年花费 1 000 万美元，这会比你在同一年花费 600 万美元更好，但花费 1 000 万美元可能会导致你的对手在明年也花费 1 000 万美元，这不是你所乐见的。一个更优的策略是花费 600 万美元来发出合作的信号，希望你的对手做出合理的推断，并且跟随你的做法。这个策略可以产生合作的结果，实践中也的确如此，但在理论上还存在一个问题。

花费 600 万美元鼓励你的对手在明年也花费这个数目，

这在头 19 年中的任何一年里都可以成立，但显然在第 20 年就失效了，因为第 20 年就没有明年了。当企业来到第 20 年，形势等同于博弈只进行一次。如果企业想最大化它们的利润（假设它们的确如此），还是会倾向于非合作的策略，正如前文的推理。

这还没完，一旦意识到在第 20 年合作是徒劳的，那么在第 19 年合作同样也没有意义。如果第 19 年不能合作，为什么要在第 18 年合作呢？一旦你掉进这个陷阱，你就会一路走到底：不会在第 18 年合作，不会在第 17 年合作……也不会在第 1 年合作。如果你支持一次博弈采取非合作策略的观点，那么你不仅会在最后一次博弈里不合作，而且是在每一轮博弈里都不合作。

当囚徒困境重复进行，但次数是不确定的，那么合作策略就成立了，这也是囚徒困境常见的情形。两家竞争的企业知道它们不会永远经营下去，但一般来说，它们也无法预料什么时候会由死亡、兼并、破产或者某些力量终结它们的竞争。参与人无法对最后一个回合进行分析，再进行逆向推理，因为没有人知道什么时候才是最后一个回合。支持非合作策略的论证失效了，我们不禁长舒了一口气。

关键就在这里，囚徒困境有一个特点和我们之前讨论的博弈大不相同。分析一个博弈的时候，只要你能说出一个理性的参与人应该作何选择，并以此预测结果就足够了。但在囚徒困境里，非合作策略是如此糟糕，所以大部分人的研究目标不是一个理性人应该采取何种策略，而是我们应该如何促成一个合作策略。后者有很多不同的答案，让我们考察其中一部分。

## 囚徒困境的历史

囚徒困境非常重要，因为它能用很紧凑的形式来表达一系列的问题。早在博弈论诞生之前，就存在对某些形式的囚徒困境的讨论了。政治哲学家托马斯·霍布斯（Thomas Hobbes）分析了囚徒困境的一个版本，其中的“参与人”是社会成员。

霍布斯推测社会最初处于无政府状态。每个人都追求狭隘的个人利益导致了持续的战乱和匪患。在这个社会里，B 可能因为一些微不足道的事情谋杀 C，B 可能因为同样的原因反受其害。霍布斯认为，强加约束会符合所有人的利益，即 B 会放弃蝇头小利，以换取额外的安全。霍布斯把社会契约看成是一个强迫的合作结果。他在《利维坦》（*The Leviathan*，1962）里描述了（一种君主制）政府的诞生，“仿佛人人都向每一个其他的人说：我将权利授予这个人或这个集体，并且放弃我管理自己的权利，条件是你也把自己的权利拿出来授予他，并以同样的方式承认他的一切行为。”（第 104 页，这有没有精确地吻合历史并不重要，重要的是如何意识到问题和如何解决问题。）

霍布斯在指出了非合作结果的缺点后，提出应该从组成社会的人手中拿走是否进行合作的独立决策权。事实上，社会应该服从强制仲裁，而政府应该起仲裁人的作用。这不是一种罕见的观点，卢斯和雷法在《博弈与决策》(*Games and Decisions*，1957）里表达了同样的观点："有些人持有这样的观点：政府的一个核心任务是，如果在某些博弈的情景下，个人追求自身利益会将社会置于不合意的境地，那么政府应该出面改变博弈的规则。"（第 97 页）

退一步看，著名的社会学家格奥尔格·齐美尔（George Simmel，1955）指出，商业竞争经常面临相当于囚徒困境的情形。他把商人的行为描述成不确定次数的博弈：

> 个体之间对竞争的限制，指的是当一定数量的竞争者自愿同意放弃一些战胜对手的行动，其中一员的这种放弃行为，只有在其他人观察得到的情况下才有效。例如，在某个社区里，书店之间就打折与否、打 95 折还是 9 折达成的协议，或者店主之间对于 8 点还是 9 点关门做出安排等。显然，此处只有自私的效用才有决定性：某一方这么做，是因为他知道如果他不这么做，其他人会马上模仿他，导致他们本来可以分享的更大利益大为缩减……在经济学上，这个第三方是客户，所以这条道路会通向卡特尔化是显而易见的。一旦他们明白，如果竞争者不进行太多的竞争活动，自己也可以同样如此，结果可能不是一个更加激烈的竞争，或者是纯竞争，这已经被强调过了，也有可能走向反面。协议可能

会被推向废除了竞争的程度，把企业组织起来，不再进行市场竞争，而是根据一个共同的计划来供给……这种目的论，一如既往地超越了党派，允许他们中的每一个达到看起来是悖论的目的，就是把对手的优势化为己用。（第76页）

注意到齐美尔把消费者看成是局外人，因为尽管他们受到商业竞争的影响，但是他们不能控制所发生的事情。事实上消费者并不是参与人。公司之间的合作很容易变成共同利益，而一旦将社会作为整体来考虑，结果很容易变成是反社会的。因此，社会禁止信托、卡特尔、价格限制和贿赂等形式的“合作行为”。

约翰·肯尼思·加尔布霍思（John Kenneth Galbraith）也考虑过这个主题——竞争者之间倾向于避免破坏性的价格竞争。他在《美国的资本主义：抗衡力量的概念》（*In American Capitalism*：*The Concept of Countervailing Power*，1952）中提到，“阻止价格竞争的协议是不可避免的……否则只有毁灭一途”（第112页）。价格竞争往往被销售和广告竞争所取代，当只有很少的卖家时，业内的竞争会消失。如果一些大企业和它们的工人在进行工资谈判，这不再是独立企业为了吸引工人而进行工资竞争，而会变成工人和管理层之间“对抗阵营”的谈判。

囚徒困境类型的问题以各种形式已经存在了一段时间。合作策略一般被认为是“合意”的（除了反社会的效果外），有时候是出于道德的原因。伊曼努尔·康德（Immanuel Kant，

1959）认为判断一个行为是否道德，需要看所有人都这么做的结果。道德黄金律（the golden rule）* 大概也是这个意思。最近阿纳托尔·拉波波特在《战斗、博弈和辩论》（*Fights, Games and Debates*，1960）认为当一个人选择策略的时候，他或她不会仅仅考虑自己狭隘的个人利益。拉波波特认为，如果有任何希望能达到难得的合作结果，参与人必须接受特定的社会价值观。在接受了这些价值观后，即使在一回合的囚徒困境里，参与人也应该合作。他的证明如下：

> 每个参与人在检查整个盈利矩阵的时候，第一个问题会问："在什么情况下我们双方会获得最大收益？"在这个案例里只有一个答案："合作"的时候。接着他们会问："这需要什么条件？"回答是：双方同时假定"不论我做什么，其他人也会这样做"。总结为一句话：我是集体的一分子，所以我会做这样的假设。（第 177 页）

拉波波特深知他的观点和个人利益的"'理性'策略原则"相冲突，他只是单纯地拒绝这些原则。他断言，二人非零和博弈中的极小极大策略也是基于这样的假设：依据自身的利益，某个人的对手会理性地行动。如果在这个博弈里，某人的对手没有理性地行动，极小极大策略会无法利用对手的错误。就如同在零和博弈里，你可能会错误地认为对手会理性地行动；在非零和博弈里，你也可能会错误地认为对手心怀好意。

---

* 对待别人应该像自己希望别人对待自己的那样，或者说"己所欲，施于人"。——译者注

因为一般而言，大部分人都不会认为非合作策略是合意的，所以其他解释总是很有吸引力。虽然我认可拉波波特的努力，但我不相信囚徒困境的悖论已经被真正地克服。要说为什么，让我们往回看一下。

在本章讨论的囚徒困境例子中，盈利是以刑期或者净利润而非用效用来表示的。实际提到效用只出现在下面这类描述里："每个参与人只关心自己的利益"，或者"每家公司只想最大化自身的利润"。为简便起见，我们忽略了对于效用更加正式的表述。背后的假设尽管表述得不精确，但依然至关重要。如果这些假设不成立，我们实际参与的博弈可能会和我们的认识完全不同。如果在最初的囚徒困境博弈里，一名囚犯情愿和同伙共同坐牢一年，而不是同伙坐牢 12 年而只有自己无罪释放，我们对坦白的论断就不再成立。但这样一来，这个博弈就很难再被称作囚徒困境博弈了。最初的悖论实际上并没有被解决。这里是对拉波波特的论断的反驳：他的黄金律方法假设问题本身不存在。如果参与人关心同伙的利益如同关心自己的利益，那么这个博弈就不是囚徒困境。如果每个参与人只关心自己的利益，那么拉波波特的表述就没什么意义。

把零和博弈和非零和博弈的假设进行类比也缺乏说服力。在零和博弈里，不管你的对手是表现得很好、很差，还是不好不坏，你都可以获得博弈值，你不必假定对手是理性的。拉波波特的表述也类似，但进一步表示，使用极大极小策略，你就失去了利用对手错误的机会，并且如果对手是个

笨蛋，你不应该只满足于获得博弈值。

这不完全正确。我们已经见过一些博弈，一方执行劣策略，另一方执行极大极小策略，那么后者可以获得的盈利会多于博弈值。但即使是在那些极大极小策略会妨碍参与人获得更高盈利的博弈里，这种类比也是存疑的。要利用对手的弱点，只知道他或她偏离极大极小策略是不够的，你还必须知道如何偏离。假定你要和一个笨蛋进行一次猜硬币游戏，你假设对手不会理性地行动。具体而言，你相信她猜其中一面的概率高于50%，但是你怎么知道是哪一面？如果你不知道她倾向于哪一面，你又如何利用她的劣策略？

作为一个法则，在零和博弈里使用极大极小策略，并不是因为你对对手的理性有某种信念，而是因为没有其他更好的选择——即使你认为对手会犯错也是如此。

在囚徒困境博弈里，假定你的同伙会选择合作行动确实只是一个假定。除非你是一个受虐狂，否则你选择合作必定是出于对于同伙的信念，认为他也会做同样的选择。即使你的同伙选择合作，仿佛证实了你对他的信念，某些参与人依然会质疑你的选择，因为你选择不合作会获得更高的盈利。这种观点可能看起来很贪婪，但是参与人并没有向博弈论学者请教过道德准则；他已经有自己的一套准则。他们要做的只是找一个策略来达成他们的目的，不论是出于自利还是其他。

在零和博弈和非零和博弈的假定不成立的时候，我们更容易发现它们的区别。确实在现实社会的囚徒困境博弈里，人们往往不会选择合作。在非零和博弈里，如果对手选择不合作而你选择合作，结果可能会是灾难性的；而在零和博弈里，你采用极小极大策略能产生的最坏结果不过是你失去了欺骗对手的机会。

## 纳什的仲裁方案

谈判博弈的参与人处于一个很尴尬的位置。他们想达成最有利的协议，同时又要避免彻底谈崩的危险；而且一定程度上这两个目标相互冲突。如果一方表示，即使盈利微薄也愿意接受任何条件，很可能达成一个不尽如人意的协议。另一方面，假如他固执己见、不肯让步，如果协议达成，条件可能会很不错——但是他很可能空手而归。汽车销售员会对顾客隐瞒自己急于成交的愿望，但她会尽量搞清楚要成交所必要的降价空间——甚至会动用隐蔽的麦克风。

即使一个参与人想要的只是适中的盈利，并且努力地促成协议，他或者她的期望经常会被当作弱点，让对手更加坚定自己的要求，实际上降低了达成协议的可能性。交战两国的其中一方想要停战的时候经常会发生这种情况。在劳资纠纷实际发生的情况下，软弱的一方会提出较为优厚的条件试图快速地结束纠纷。但事实总是会和预期大不相同，另一方可能会产生猜疑，进而抵制，而不是结束谈判。

一种至少在理论上成立的避免谈判的办法，就是使用由仲裁机构制定的协议条款。这样你可以避免彻底谈崩的危险。问题在于要找到一种仲裁机制，能够较为现实地反映参与人之间的力量对比，使你获得谈判的好处，同时避免谈判的风险。约翰·纳什（John Nash，1950）提出了下面这个程序。

他假定双方正在对一份合同进行谈判，他们可能是管理层和劳工、起草贸易协定的两个国家、卖家和买家等。为了方便而又不失一般性，他假定协商失败——没有贸易、没有买卖、发生了罢工等——对双方参与人的效用都是 0。纳什在参与人能够达成的所有协议中选择了一个仲裁的结果：可以让参与人的效用最大化。[①] 这个方案有四种良好的特性，让纳什认为这是唯一可行的方案。这四种特性是：

1. 仲裁的结果必须独立于效用函数。任何仲裁的结果显然会取决于参与人的偏好，并且这些偏好是用效用函数来表示的。但是如我们前面所见，有很多效用函数可供选择。因为对效用函数的选择完全是任意的，有理由要求仲裁的结果不依赖于所选的效用函数。

2. 仲裁的结果应该是帕累托最优的。纳什认为帕累托最优的仲裁结果是合意的。就是说不存在其他结果能让双方参与人同时获得更大的盈利。

---

① 注意到参与人可能不会选择一个单独的协议来获得效用，而可能通过协调策略来获得居中的效用。例如在性别战里，去看芭蕾舞给丈夫带来 4 单位效用，给妻子带来 8 单位效用，去看拳击赛会给丈夫带来 6 单位效用，给妻子带来 2 单位效用。如果他们用抛硬币的办法来决定去哪里消遣，可能双方都会获得 5 单位的效用。

3. 仲裁的结果应当独立于无关的其他备选。设想有两个博弈 A 和 B，A 的每个结果同时也是 B 的结果；如果 B 的仲裁结果也是 A 的结果之一，那么这个结果必然也是 A 的仲裁结果。换言之，一个博弈的仲裁结果，在其他可能达成的协议被剔除的情况下，依然是这个博弈的仲裁结果。

4. 在对称博弈里，仲裁的结果对双方参与人的效用相同。设想谈判博弈里参与人的角色是对称的，即如果某个结果让一个参与人获得 $x$ 效用，另一个参与人获得 $y$ 效用，那么一定存在某个结果，让第一位参与人获得 $y$ 效用，第二位参与人获得 $x$ 效用。在这种博弈里，仲裁的结果对双方的效用应该是相同的。

在运用纳什仲裁方案之前，必须先知道双方参与人的效用函数。效用函数不仅难以获知，还经常被参与人的故意隐瞒，这是最大的缺点。如果一个参与人的效用函数被错误地表述，这有可能变成他或者她的优势。某种程度上说这种方案是可靠的，因为它符合现实。正如我们所见，现实生活中的效用函数也经常被错误地表述。

很重要的一点是，必须明白纳什方案并不是对将要发生的事的强制或者预测，而是把很多相关因素，例如参与人的谈判实力、文化规范等，抽象掉以后得到的一个事前协议。（从这个角度看，这与后面会谈到的沙普利值很类似。）事实上，纳什解经常会看起来不公平：它倾向于让穷人更穷、富

人更富。但这是可以预计到的，要看清楚这是怎么回事，考虑下面的例子。

假定有一位贵妇和一位贫民，只要她们能在分配方式上达成一致就可以获得100万美元；如果她们争执不下，双方都一无所得。在这个案例里，因双方效用函数不同，纳什仲裁方案一般会让贵妇分得更多的金钱。让我们看看原因。

如果涉及相对巨额的金钱——也就是说比一个人已经拥有的财富更巨大——人们倾向于安全行事。除非他们非常富有，大部分人都会偏好确定的100万美元，而不是以一半的概率获得1 000万美元，尽管他们会偏好以一半的概率获得10美元，而不是确定的1美元。但大型保险公司会偏好以一半的概率获得1 000万美元，实际上他们每天都愉快地接受更高风险的项目。对于巨大金额差别的无差异性，这一点在穷人的效用函数里表现得比富人的效用函数更强烈。1美元和10美元之间的相对吸引力对于那位贫民来说，就如同100万美元和1 000万美元对于贵妇。反映贫民的效用函数是一个平方根函数：100美元等于10单位效用，1美元等于1单位效用，16美元等于4单位效用，依此类推。所以贫民对于一半机会获得1万美元和确定获得2 500美元是无差异的。（选择平方根函数当然只是任意的，很多其他效用函数也可以使用。）可以假定贵妇的效用函数等于金钱的数值。这种情况下纳什的解会是贵妇获得100万美元的2/3，而贫民只获得1/3。

## 二人非零和博弈实验

研究博弈实验的一大原因是趣味性，如果你花费大量时间思考理论上人们应该如何行动，那么你就会很好奇人们实际上会如何行动。另一个原因是研究博弈实验获得的见解会让你在博弈中更好地进行决策，这一点在非零和博弈中比零和博弈里更为重要。在二人零和博弈里，参与人只要单独行事就足以获得博弈值，而不必关心他们对手的行动。在非零和博弈里，除非你满足于最低的回报——比如买卖双方不能达成一致的时候——你必须考虑你的对手如何行动。类似的，在连续进行的囚徒困境博弈里，你对对手行动的预期也会影响你自己的行动。

就算人们的实际行动具有研究的价值，为什么要在实验室而不是在实际生活中进行研究呢？非零和博弈的例子在日常生活中俯拾皆是。劳伦斯·E. 福雷克和西德尼·西格尔（Lawrence E. Fouraker and Sidney Siegel）在《讨价还价和群体决策》（*Bargaining and Group Decision Making*，1960）里是这样回答的：

> 在双寡头垄断的案例里，获得恰当的自然数据来测试理论模型几乎是不可能的，并非因为这种现象异常罕见，实际上大量的日常交易都是在近似双寡头垄断的情况下进行的。一家特许经销商和厂商就配额和批发价进

行谈判；两家公共事业公司联合提供公共服务，它们为收益的分配而谈判；连锁便利店和罐头公司进行谈判，罐头公司则要和农场主合作社进行谈判；已经成立了工会的企业里，工人领袖和企业管理层进行谈判等。

“现实”博弈的问题在于它们并非为方便我们研究而设立的。一方面，没有对变量进行控制，所以不太可能找到只有一个变量有变化，而其他变量不变的情形。这就很难确定一个变量究竟对最终的结果会有什么程度的影响，并且一般也很难确定盈利。另一方面，在实验室里，可以将参与人分隔开，以避免他们相互联系（这会让博弈复杂化，是一种不必要的因素），盈利是明确的，还可以调整变量。还可以通过提供大额盈利来激励参与人——至少理论上可以这么做。

## 囚徒困境的一些实验

大量以囚徒困境为基础的实验都有一个相同的目标，就是研究参与人在什么情况下会合作。决定参与人行为的变量中较为显著的包括：盈利的数额、其他人的行为方式、是否允许交流以及参与人的性格。阿尔文·斯科德、J. 塞耶·米纳斯、戴维·马洛（David Marlowe）、哈维·罗森（Harvey Rawson）、菲尔伯恩·拉托斯和米尔顿·利佩茨（Milton Lipetz）进行的一系列实验，包括重复进行囚徒困境博弈以及这个博弈的一些变种，发表在《冲突解决杂志》

（*Journal of Conflict Resolution*）1959—1962 年间的三篇文章里。让我们看看实验者的一些观察结果。

如图 5—21 所示的博弈，我称之为博弈 1。由 22 对参与人各自博弈 50 次；C 和 NC 分别表示合作与非合作策略。在 50 轮博弈里，参与人之间都有物理上的隔离，所以不存在交流。每一轮参与人都知道对手过去每一轮的行动。

博弈1

| | C | NC |
|---|---|---|
| C | (3, 3) | (0, 5) |
| NC | (5, 0) | (1, 1) |

**图 5—21**

每一回合，每个参与人都有两个选择，产生 4 种可能的结果。如果参与人随机地选择策略，那么可以预期有 25%的概率出现合作的盈利（3，3），25%的概率出现非合作的盈利（1，1）和 50%的概率出现（5，0）或者（0，5）。实际上非合作的结果占多数，在 22 对参与人里，出现非合作结果多于其他结果组合的参与人有 20 对。令人惊讶的是，随着博弈的进行，参与人倾向于变得更加不合作。

博弈 1a 相对博弈 1 只有一个变化：允许参与人在 50 轮的最后 25 轮进行交流。如你所料，前 25 轮的结果和博弈 1 几乎相同。而在后 25 轮依然出现了非合作的趋势，但是并没有参与人不能交流时那么显著。

博弈 2 和博弈 1、博弈 1a 有相同的盈利矩阵，但有一处变化：被试者并非彼此之间相互博弈，而是与实验者进行博弈，

尽管他们本人不知道这一点。实验者依照一个事先制定的模式来行动：每一轮，实验者做出和被试者相同的选择。如果一个被试者选择合作，那么实验者在同一回合也选择合作，那么被试者获得3；如果被试者选择不合作，那么只获得1。和博弈1以及博弈1a一样，这个博弈继续50轮。参与人60%的时间里选择非合作策略，并且在后面25轮比前面25轮更加不合作。

你可能会想，在50轮的实验里，被试者应该会发现他们并不是在和另一个人进行博弈，明白这一点的被试者在进行选择的时候应该会更有策略性。但试验后的采访以及实验结果都显示，所有的被试者都认为他或者她的“对手”的反应是合乎情理的。这些参与人把选择的相似性归结为巧合。

一些其他形式的囚徒困境博弈实验也出现了相同的模式。例如博弈3（见图5—22），参与人如果背离合作策略就只能获得2。但在一个30轮实验的前15轮，参与人选择非合作策略的次数达到50%，在第15轮这个比例上升到65%。实验者取代其中一个参与人，再次进行实验（实验者总是选择非合作策略），选择合作的频率并没有实质的变化。在博弈4里（见图5—23），盈利几乎都是负数，参与人需要竞相减少损失，实际上完全没有合作发生。

博弈3

| | C | NC |
|---|---|---|
| C | (8, 8) | (1, 10) |
| NC | (10, 1) | (2, 2) |

**图5—22**

博弈 4

| | C | NC |
|---|---|---|
| C | (−1，−1) | (−5，0) |
| NC | (0，−5) | (−3，−3) |

**图 5—23**

一些很有趣的实验并不是真正的囚徒困境博弈，图 5—24 展示了其中的 3 种。这 3 种博弈都进行 30 轮，你会惊奇地发现不能达成合作是多么频繁的事。在博弈 5 中，参与人在前 15 轮里平均有 6.38 次合作失败，在后 15 轮里则平均有 7.62 次：增加不多但是统计显著。

博弈 5

| | C | NC |
|---|---|---|
| C | (6，6) | (4，7) |
| NC | (7，4) | (−3，−3) |

博弈 6

| | C | NC |
|---|---|---|
| C | (3，3) | (1，3) |
| NC | (3，1) | (0，0) |

博弈 7

| | C | NC |
|---|---|---|
| C | (4，4) | (1，3) |
| NC | (3，1) | (0，0) |

**图 5—24**

博弈 6 和 7 的结果也大致相同。在博弈 6 里，参与人选择非合作策略的次数略微超过一半，在前半程选择合作的次数稍微高于后半程。在博弈 7 里，参与人选择合作的次数占

53%，但在后15轮里合作失败的次数超过一半。

纵观这些实验，存在一个选择不合作策略的稳定趋势。选择不合作在囚徒困境类的博弈里是可以理解的，这最少可以在短期内带来好处。但刚才的3个博弈也出现了这种趋势，这就更加难以解释了。

在博弈5里，选择不合作策略不是什么时候都有回报：参与人只有在对手选择合作的时候才有更高的盈利——但也只多了一点；但如果对手同样选择非合作，参与人就会获得最少的盈利。对于博弈6和7，选择非合作策略根本是荒谬的。在博弈6里，如果你选择非合作策略，盈利不可能变得更高，但却有可能变得更低。在博弈7里，不论对手选择什么，一个参与人选择不合作的盈利肯定低于选择合作的盈利，对手的选择只会影响损失总额。此外，除了最后一个博弈，选择非合作策略的行为都是占多数。即使是最后一个博弈，结果很接近于参与人抛硬币选策略产生的结果。进一步，随着博弈的进行，合作的趋势是减弱而非增强的。

参与人合作失败的原因并未完全明晰。一个参与人可能想要利用对手的失误，或者担心对手会利用自己的失误。一个参与人可能没有明白博弈的本质，或者怀疑对手的所作所为——虽然后者可能性不大。如果一个充分理解博弈的参与人没有选择合作，是因为她担心对手不能“理解她的信号”，那么允许她直接和对手交谈直抒己见，我们推断她应该还是会选择合作的。但实际上，当允许参与人交流的时候，合作也只有少许增加。

参与人不仅难以与他人合作，似乎还总是忘记对手曾经做过的事。当对手的行动和他们一模一样的时候，他们甚至不会起疑心。不论疑心与否，在50轮博弈里，他们60%会选择不合作。当实验者复制被试者的策略以及实验者总是选择不合作的时候，被试者选择不合作的次数也大致相当。

被试者似乎把这些博弈看作纯粹的竞争：击败对手最重要，自己的盈利只是其次。很多实验者都观察到这种竞争的趋势，并且这种趋势会随着博弈的进程愈演愈烈。这被归因于参与人的厌倦，以及金钱盈利太小。有人认为如果相当数量的金钱摆在台面，这种击败对手的决心就会消退。

布雷恩·福斯特和朱迪思·卢西亚诺维奇（Brian Forst and Judith Lucianoivc，1977）描述了一个由真正的囚犯来参与的囚徒困境“博弈”。多个被告认罪或者被判有罪，和单独一个被告认罪或者被判有罪的比例基本相同。但除了表面上符合现实之外，他们很怀疑这个情形是不是一个真正的囚徒困境，因为被告们在监狱的等待过程，以及在庭审中经常能设法交流，并且背叛同伙今后非常有可能会遭到报复。

## 投标实验

1963年詹姆斯·格里斯默和马丁·舒比克（James Griesmer and Martin Shubik）利用普林斯顿大学的本科生作

为被试者进行了一系列实验。基本的实验是这样的：

两个参与人同时选出一个介于1～10之间的数字。数字较大的一方会空手而归，数字较小的一方会从实验者手里获得等额金钱（以美元还是美分为单位视实验而定）。如果数字相同，则抛硬币决定，胜者获得等额金钱。例如一个参与人选择5，另一个选择7，那么选择5的参与人会从实验者手里获得5单位货币，另一个则一无所获；如果双方都选择5，那么抛硬币胜利的一方获得5单位货币。在每个回合结束后，参与人会知道他们对手的选择，然后博弈会重复进行。参与人全程隔离，并且禁止协商。

这个博弈和前文讨论的加油站价格战几乎相同。使用和之前一样的归纳法，我们可以“推断”出最不合作的策略：选择1，具有最大的优势。如果双方都采取这种策略，盈利会很小——平均只有1/2单位货币。如果其中一个参与人具有竞争性，另一个没有，那么竞争性的参与人一般总是会有盈利，但是不多，显然参与人合作才会获得最大的回报。如果双方保持较高的出价，利润之和可以最大化，虽然在某些回合里，其中一个参与人可能会空手而归，但是重复进行博弈会让双方都有大获其利的机会。

如果双方都意识到合作才能带来最大的盈利，他们还要面对如何协调出价的问题，毕竟双方不允许直接交流。合作最直接并且可以最大化期望盈利的方式是一直选择10，平均每个人的收益是5单位货币。唯一的缺点在于还是可能有参与人收益为0，毕竟平手的情况下需要由运气来决定收益归属。付出轻微降低期望收益的代价，参与人就可以大幅提高他们的可确定收益。第一轮双方都出价10，抛硬币获胜的一方在下一轮再次选择10，对手选择9。这样每两轮，总有一个参与人获得10单位货币，另一个获得9单位货币。每个参与人的平均盈利是$4\frac{3}{4}$，能确保的收益是$4\frac{1}{2}$。

实际上，几乎所有的参与人一开始都持有竞争的态度，他们更乐于智胜对手，而不是联合起来从实验者身上赢钱。一些参与人通过交替选择9和10来进行合作，但这一般会被对方错误地解释为假意安抚，以制造一种虚假的安全感。（这由被试者明确的表述所确认，也在他们参与博弈的过程中观察得到。）少数双方参与人确实想要合作，通过交替选择9和10，每个人总是可以隔一轮赢得9单位货币。这当然不是合作的最佳方式，但是对于首次参与博弈的人来说已经相当不错了。

实验者想要研究的一个现象是“末端效应”（end-effect）——在一系列博弈的最后阶段选择非合作的行为——但是在实验中并没有观察到这种现象。当参与人想要合作，那么他们从头到尾都会合作。如果说有任何区别，那就是在实验的后段合作程度会高于前段。实验者想要分离出末端效应，把实验的回合数告诉一部分博弈的双方参与人，并对其他博弈的参与人保密。预期当参与人知道何时博弈会结束，末端效应就会出现，但实际博弈中并没有出现任何的不同，有可能是因为盈利过低不足以引发背叛。一般来说，双方参与人如果觉得合作非常愉快，那么他们情愿保持现状。（当参与人一开始就不合作——这是最常见的情况——这种情形就不会出现。）

这个博弈有一种变体值得详细地说明，这可以联系到我在效用理论中的一个观点。在一次实验里，基本的博弈进行3回合，但要增加一条规则，如果某个参与人在前两轮都没有盈利，那么在第三轮不论他选择多少都会自动获胜。这表示一个参与人如果3轮都选择10，那么总是可以获得10单位货币的盈利。

在前面的博弈里属于竞争性的参与人，在这个博弈里面通常也是竞争性的。每个参与人在前2轮都选择非常低，并且每人赢一轮，这种情形和原版的博弈完全一致，因为新的规则并没有起作用。参与人会意识到，如果他们在最后一轮也进行竞争，即使获胜，他们的盈利也会显著低于他们从一开始就合作的情况。意识到他们本来可以获得更高的盈利，似乎改变了他们的效用函数，因为他们在第三轮的出价明显比之前更高了——实质上情形是完全一样的。

## 一个接近完全合作的博弈

还有一种二人合作博弈，基本的问题就是如何根据参与人的共同利益来协调他们的策略。在一个参与人不能直接交流的博弈里，托马斯·谢林（Thomas Schelling，1958）建议，参与人必须寻找一些线索来预测对手的行动。这种线索可以是过去博弈的结果，或者盈利矩阵的对称性。理查德·威利斯和迈伦·约瑟夫（Richard Willis and Myron Joseph，1959）进行了一系列实验来验证谢林的理论：显著性是谈判行为的主要决定因素。实验总共用了 3 个盈利矩阵，我称之为博弈 1、博弈 2 和博弈 3（见图 5—25）。

博弈 1

| | |
|---|---|
| (10，20) | (0，0) |
| (0，0) | (20，10) |

博弈 2

| | | |
|---|---|---|
| (10，30) | (0，0) | (0，0) |
| (0，0) | (20，20) | (0，0) |
| (0，0) | (0，0) | (30，10) |

博弈 3

| | | | |
|---|---|---|---|
| (10，40) | (0，0) | (0，0) | (0，0) |
| (0，0) | (20，30) | (0，0) | (0，0) |
| (0，0) | (0，0) | (30，20) | (0，0) |
| (0，0) | (0，0) | (0，0) | (40，10) |

**图 5—25**

参与人被分为 2 组。A 组先重复进行博弈 1，然后转为重复进行博弈 2；B 组先进行博弈 2，然后进行博弈 3。博弈过程中参与人不允许交流。

显然参与人需要携手合作解决问题，除非他们能选择同样的行和列，否则双方都会空手而归。而第二个目标是每个

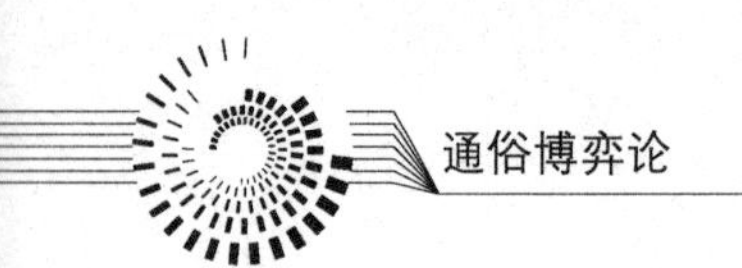


参与人都会争取获得矩阵对角线上的最佳回报。

在博弈 1 里，谢林的理论无法向我们提供什么线索。博弈 3 同样没有给我们什么提示，但是两个中间策略似乎比两端的策略更有可能出现。只有在博弈 2 里，对称性明确指出：（20，20）的盈利符合每个参与人的第二目标。

实际的结果令人颇为惊讶。当 A 组进行博弈 1 的时候出现了主导权的斗争。如果对手屈服，每个参与人都会选择能带来 20 盈利的策略。经过初期的斗争，双方达成了某些一致，其中一个参与人会放弃，博弈会稳定在一个均衡点上。当他们转为进行博弈 2 的时候，他们选择的策略会受到之前博弈结果的强烈影响。大多数参与人都会选择非对称的均衡点，而不是选择（20，20）的盈利。3/4 的时间里，主导博弈 1 的参与人依然会在博弈 2 中处于主导地位。

B 组的行为更加出人意料。他们从博弈 2 开始，达成一致均衡点的速度比 A 组快得多，这还不算太奇怪。奇怪的是，达到更多的是极端均衡——第 1 行和第 1 列，或者第 3 行和第 3 列——而不是由对称性和谢林所提出的中间的行和列。和前面的博弈一样，参与人转为进行博弈 3 的时候，首次博弈产生的支配地位还会继续下去。

一般而言，重复选择同一个策略，通常是建议对方选择某个结果的信号。如果触动了对方的神经，有时候甚至不需要触动对方，重复的选择都会进行下去。对于博弈 1 和博弈 3，最公平的结果是一个协调的、交替的计划，某次博弈会有利于一个参与人，另一次博弈有利于另一个参与人。但这种情况从来都没出现过，可能是因为这种规划在缺乏直接交流的情况下太过于复杂了。

## 大自然也是策略专家

前面的博弈论模型有非常广泛的用途。为了某个目标而设计的模型经常也能解决许多其他问题，把博弈论应用到演化和生态学就是一例。

一般认为，博弈论是一个研究具有思考能力的人与人进行博弈的工具。但是在约翰·梅纳德·史密斯（John Maynard Smith，1978）一篇引人入胜的文章中，描述了博弈论一个与众不同的应用：有机体“选择”了非常精巧的策略来让它们以物种的形式生存下去。策略不是由有机体的个体有意地选择出来的，而是在整个物种的层面构建起来的。仿佛存在一只“看不见的手”——类似于经济学领域相应的含义——把个体的行为组织成整个物种的行为模式。这些个体的行为模式和它们之间的互动可能可以用盈利矩阵来表示；通过分析这些盈利矩阵，你可以判断这个物种能否存活，或者以什么形式存活。

一个有机体个体的适应度（fitness）表示它生存以及繁育后代的能力——这是生存博弈的终极目标。一个物种的适应度同样表示生存的能力。这两种类型的适应度之间有很大

差异，而且彼此之间未必相容。

这两种适应度之间一个潜在的冲突提出了一个关于演化机制的问题。如果一个物种中的个体具有利他的特性，这可能会让这个物种的适应度更高，但同时可能会让这些具有利他特性的个体自身适应度降低。当捕食者出现的时候，一只鸟发出警告的鸣叫似乎有助于物种的生存，但是鸣叫暴露了自己，加速了自己的死亡。如果这只鸟保持沉默，可能会活更长的时间，并且繁衍更多的后代。

所以悖论就在这里：物种的存活有赖于个体成员承担一定的风险，但把特质传递给后代的是个体自身，而不是物种。发出警告鸣叫的鸟会死亡，它的利他基因会遗失，而保持沉默的、自利的鸟会则能把自己谨小慎微的基因传递下去。没有收到警告的鸟儿会为机会主义暂时的胜利付出代价。起码一开始看起来是这样。

但是利他基因确实保存了下来，并且让物种的适应度更高；威廉·汉密尔顿（William D. Hamilton，1964）找到了原因。他发现，基因存活的关键因素不在于持有这种基因的有机体的福利，而在基因自身的保存和复制。一只鸟和它的种群一起飞行，发出了警告的鸣叫，丢失了自己的性命而挽救了可能被捕猎的 10 只同类的性命，它自身基因的损失必定要通过它的后代弥补回来，但要打一定的折扣。

“打折”的过程就像这样：如果一只鸟的后代以同样的概率从父母双方分别继承基因，那么它拥有其中一方的某个

特定基因的概率就是50%。从基因的角度来看，其载体的存活等同于2个后代的存活。一个兄弟姐妹等于半个基因，一个更远的亲戚则要打更大的折扣。汉密尔顿把这些基因的碎片累加起来，如果保存的基因超过了损失的基因，他的结论就是：这个性状可以得到保存。

所以，在博弈论存活模型里，盈利的形式不是个体的存活，而是基因的存活。自然有人会问："到底哪些基因会被保留?"这就是约翰·梅纳德·史密斯试图回答的问题。

想象有一个世界，某个物种的所有成员都拥有某个特定的性状，然后通过变异为少数有机体引入了一个替代的性状。什么决定了新的性状会消失还是会繁荣？史密斯研究出一个数学模型能够判断一个性状是不是稳定的——也即一个替代性状在引入之后是否会消失。他用了一个雄性动物争夺雌性注意力的故事来描述这个模型。

很多情况下，动物就像人类一样会产生利益冲突。当两个动物为了配偶或者领土相互竞争的时候，它们通常会发出威胁的响声，采取攻击性的姿态，但不会进行直接的身体对抗。当对峙升级到身体冲突，它们就有两个选择：退却并且放弃战利品，然后多活一天；或者进行激烈的冲突。史密斯把避免冲突的动物称作"鸽"，进行对抗的动物称为"鹰"。当一只鹰遇到一只鸽，不必打架就可以获得所有的战利品。但是如果两鹰相争，则必有一只非死即伤。

现在假定，一个单纯由鸽组成的群体发生了变异，出现了一小部分鹰。一开始，变异会扩散，因为当鹰和鸽相遇的时候，鸽会退却，鹰会获得配偶。鸽只有不存在竞争，或者遇到不那么执着的鸽的时候才能获得配偶。初期的成功会让鹰继续散播他们的后代，当鹰的数量开始激增，鹰之间的冲突会更加频繁。对于鸽而言，面对鹰总是会空手而归，但是鹰面对鹰，结果可能会出现死伤。你可能会猜想，鹰和鸽会在某个位置达成均衡，事实的确如此。史密斯为几种可能的遭遇赋予数字形式的盈利，并且试图以此来预测长期的结果。

史密斯假设，最终赢得配偶的动物可以获得＋10 的盈利，受重伤的动物会获得－20 的惩罚。两鸽相争不会对彼此造成伤害，但也花费了大量的时间来吓唬对方，史密斯对于胜负双方都给予－3 的盈利。（显然鹰遇到鸽或另一只鹰的时候，争端会结束得很快。）

综上所述，史密斯总结出盈利的情况，如图 5—26 所示，反映了几种可能遭遇的情况。

| | 鹰 | 鸽 |
|---|---|---|
| 鹰 | (−5, −5) | (+10, 0) |
| 鸽 | (0, +10) | (+2, +2) |

**图 5—26**

当两只鹰相遇，其中一只会获得 10（＋10），另一只会失去 20（－20），所以一只鹰的平均盈利是（－20＋10)/2＝－5。当两只鸽相遇，赢家会获得＋10－3＝7，输家获得－3，所以平均盈利是2。交叉相遇的情况下，鹰获得10，鸽没有损失。

一般而言，当一个X型有机体遇到一个Y型有机体，X的预期盈利以$E(X, Y)$来表示，这个盈利是浪费的时间、受伤的风险、成功获得配偶的机会和其他一切影响X的基因传播的因素的综合。

对于一个基因I（或者策略I），当任何时候引入一个替代的变异J时，I能够获胜而J会灭绝，则I被称作演化稳定的（evolutionarily stable）。

根据史密斯的正式标准，对于任何替代的策略J，以下条件1和条件2任何一个成立，则策略I是演化稳定的：

条件1：$E(I, I)>E(J, I)$

条件2：$E(I, I)=E(J, I)$，并且$E(I, J)>E(J, J)$

史密斯的推导如下：如果一个变异J被引入一个I所支配的群体，那么I和J主要遭遇的对象都会是I。如果I遭遇另一个I，情况会好于J遭遇I，那么I的数量增速就会高于J。这种情况用条件1来表示。如果两者面对I的时候预期的收益相同，那么两者的数量增速相同，最终J型的有机体会达到一个可观的数量。如果I遭遇J的盈利高于J相互遭遇的盈利，这点优势就至关重要，I的数量增速会高于J的增速，这是条件2表示的情况。

让我们看看这如何应用在鹰和鸽的冲突里。假定一个鸽型的变异出现在完全由鹰组成的群体里。一旦鸽能够立足，它们

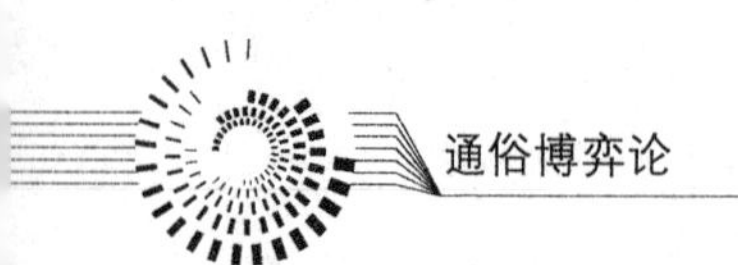


的增速就会高于鹰，因为 $E(D, H)=0$，大于 $E(H, H)=-5$，但这不是说鸽比鹰更具有适应性。如果一个变异的鹰出现在完全由鸽组成的群体里，鹰增长的速度会比鸽快，因为 $E(D, D)=2$，小于 $E(H, D)=10$。完全由鹰或者完全由鸽组成的群体都不是演化稳定的。

史密斯发现如果群体采用一个“混合策略”：群体中的 8/13 是鹰，5/13 是鸽，那么对于鹰或者鸽的入侵都是演化稳定的。如果我们称之为群体 M，那么 $E(H, M)=E(D, M)=E(M, M)=10/13$；也就是说，任何类型在面对混合群体的时候，盈利都相同。但如果鹰的数量激增，那么条件 2 生效，因为 $E(M, H)=-40/13$ 大于 $E(H, H)=-5$，混合策略群体占据上风。类似地，如果鸽过多，那么它们的数量就会缩减，因为 $E(M, D)=90/13$ 大于 $E(D, D)=2$。除了用正式的公式来计算，你还可以想象鹰和鸽处于均衡状态，发生了任何一点偏移都会自动回到初始的状态。

不难证明上述混合策略是演化稳定的，但是一个群体如何实践这个策略还悬而未决。最少有两种可能的方式都可以存活。其中一种方式是，群体中有 8/13 的个体具有鹰派的基因，持有者总是按鹰的模式行动；另外 5/13 的个体具有鸽派的基因，具有类似的行为模式。另一方式是，群体中的所有个体都持有同一种基因，有 8/13 的概率出现鹰派行为，5/13 的概率出现鸽派的行为。上述两种群体都是演化稳定的。

这种演化稳定策略的分析可以用于解释雄性粪蝇的交配

行为。雌性粪蝇会在牛粪堆上产卵——人类生物学家和雄性粪蝇知道这一点——所以雄性粪蝇会在牛粪堆处等待。因为雌性粪蝇喜欢新鲜的牛粪，所以雄性粪蝇的一个明显的策略就是不要在同一个粪堆逗留太久，而是短暂停留之后就转移到新出现的粪堆上去。但是如果所有的雄蝇都执行这个策略，那么竞争就会变得很激烈：雄蝇如果执行一个更加精明的策略，当其他雄蝇都走了以后依然留在原地，让少数落单的雌性遇到自己，交配的机会能得到提高。事实上，所有的雄性执行任何一个纯策略都会让物种整体繁衍的效率变低，并且会在某些雌性上面形成激烈的竞争，而忽略了其他雌性。一个有效得多的策略——并且也是实际采取的策略（见图5—27）——是错开离开的时间，所以大部分雄蝇早一步离开去寻找雌蝇的大部队，其他的雄蝇再逐渐离开，和少数迟到的雌蝇交配。尽管这个混合策略已经被观察确认，但是还不清楚这个策略是如何实现的——是每只粪蝇具有自己的固定策略，并且不同类型的策略产生混合，还是所有的粪蝇都同样选择自己的混合策略。

有机体改变自身行为的能力一般会对物种有利——对雄性粪蝇来说如此，在鹰—鸽模型里面也是如此。有一种鹰鸽模型的变体尤其有趣，这个模型描述了大自然如何解决囚徒困境这个折磨人类的悖论。

在鹰—鸽模型里，鹰派策略和鸽派策略都不能令人完全满意。鸽面对鸽的表现还不错，但是面对鹰的时候则无法获得

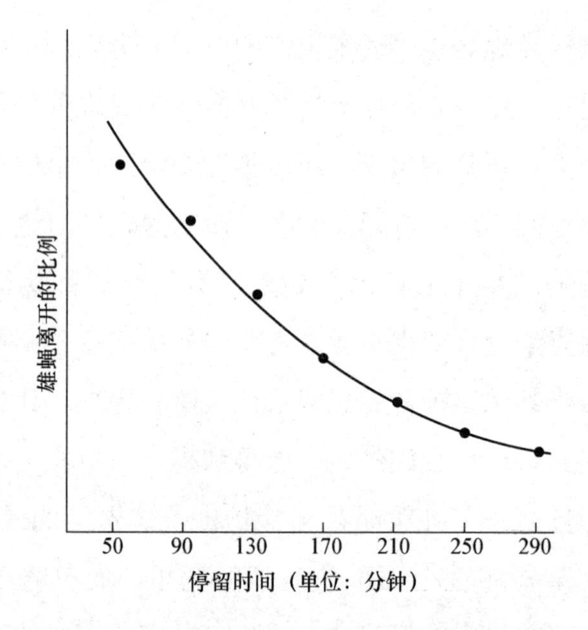


**图 5—27　雄性粪蝇在不同时间离开牛粪的相对数量**

注：本图取自 John Maynard Smith and G. A. Parker，"The Logic of Assymetric Contests，" *Animal Behavior* 24（1976）：171，经出版方许可进行转载

公平的收益。鹰遭遇鸽的时候可以大获其利，但是遭遇另一只鹰的时候就产生了灾难性的后果。我们需要的是某种中间策略，既可以避免肢体冲突，又可以在面对剥夺的时候不必采用息事宁人的态度。既要保障自己的权益，又要避免极端的肢体冲突，一个方法是采用所谓的"布尔乔亚策略"(bourgeois strategy)。

假设在一个动物群体里面，每个动物都将一块领地视作自己的地盘。时不时会产生冲突（比如为了争夺配偶），这样就回到我们先前讨论的情况：摆过姿态以后，动物可以选择逃跑（鸽策略），或者搏斗（鹰策略）。除了这两个老策略，我们再考虑一个新的策略：布尔乔亚策略。

布尔乔亚动物在自己的领地里是一个鹰派，在领地以外是一个鸽派。因为领地都只属于一个动物，所以两只布尔乔亚动物相遇，不会发生冲突升级的情况，外来者总是会退却。两个布尔乔亚的斗争会很快结束，入侵者会空手而归，主人会获得＋10的盈利，所以平均盈利是＋5。图5—28所示的盈利矩阵，假定每个布尔乔亚动物都有一半的机会位于自己的领地里。

| | 鹰 | 鸽 | 布尔乔亚 |
|---|---|---|---|
| 鹰 | (−5，−5) | (10，0) | $(2\frac{1}{2}, -2\frac{1}{2})$ |
| 鸽 | (0，10) | (2，2) | (1，6) |
| 布尔乔亚 | $(-2\frac{1}{2}, 2\frac{1}{2})$ | (6，1) | (5，5) |

**图5—28**

因为$E(B, B)=5$比$E(H, B)=2.5$和$E(D, B)=1$都要大，所以布尔乔亚策略一旦立足，面对鹰派策略和鸽派策略的入侵都是安全的。同时，$E(B, H)=-2.5$大于$E(H, H)=-5$，而且$E(B, D)=6$大于$E(D, D)=2$，所以鹰派群体和鸽派群体都容易受到布尔乔亚策略的入侵。

布尔乔亚策略相对于鹰派策略和鸽派策略的优势似乎被事实所证明。史密斯（Smith，1978）描述了两个例子，分别来自汉斯·库默尔和N. B. 戴维斯（Hans Kummer and N. B. Davies）的观察。

狒狒这个物种，雄性会和一个或多个雌性建立永久的关系。库默尔把一个已经和雄性B绑定了的雌性，与雄性A

放在一起。后来这三者重聚，A和雌性的关系并没有受到B的挑战。为了排除A只是单纯地支配B的情况，几周之后，把B和一个已经与A绑定了的雌性放在一起。这一次是A应许了B和这个雌性的关系。占有关系是解决争端的关键。

戴维斯注意到，斑点木蝶（speckled wood butterfly）同样使用布尔乔亚策略来解决领地争端。雄性在森林的地面寻找被太阳照射的区域，因为这通常是雌性出没的地方。因为光斑肯定不够满足所有的雄性，所以他们会持续不断地在森林的树冠处飞来飞去以寻找空位。当一个外来者入侵了一个已经被占据了的区域，外来者和主人都会暂时盘旋上升。其中一个会继续向上飞，另一个——总是原来的主人——会回到领地。戴维斯注意到结果不仅和力量有关，他观察到的大部分蝴蝶最终都定居在别处。再一次，是所有权而不是力量解决了争端。

如果一只蝴蝶在一个光斑处逗留几秒钟而没有受到挑战，那么它就会认为自己占领了此处。然后戴维斯问，如果两只雄性都认为自己是主人呢？要回答这个问题，戴维斯把一只其他地方的蝴蝶偷偷放进一个已经被占领了的光斑。当两只蝴蝶相遇，它们盘旋相争的时间比之前地位明晰的情形要长10倍。一只蝴蝶觉得已经位于自己的地盘上，显然愿意把斗争进行下去。

不是所有的领地争端都可以处理得如此简洁，暴力因素可能也会占一席之地。当雄性招潮蟹争夺一个洞穴，占有方通常会获胜（史密斯报告的结果是 403 例中的 349 例）。但是少数情况是游荡的一方获胜，因为它更加强壮。

## 演化模型的计算机仿真

几年前，政治科学家罗伯特·阿克塞尔罗德（Robert Axelrod，1980a，1980b）设计了两个有趣的实验，把人和计算机联系在了一起。乍看上去这些实验似乎和史密斯的模型没有太大关系，但是实际上它们之间的联系非常紧密。实验揭示了演化过程中新的一面。

在每一个实验里，一些很熟悉博弈论的人——有演化科学家、社会科学家和数学家等，他们中很多人都在这个领域发表过论文——被邀请来进行一个囚徒困境的比赛。图 5—29 显示了这个囚徒困境的盈利矩阵。

| | | 对手 | |
|---|---|---|---|
| | | 合作 | 背叛 |
| 参与人 | 合作 | (3，3) | (0，5) |
| | 背叛 | (5，0) | (1，1) |

**图 5—29**

参与人之间进行循环赛，每位选手和其他所有的选手都要进行大概 200 轮囚徒困境博弈，盈利矩阵如图 5—29 所示。参与人还要和一个随机行动的选手，以及自身的镜像各进行一场比赛。

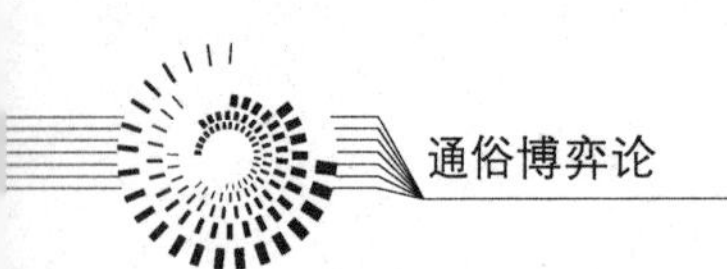


比赛一旦开始，参与人就不再直接进行比赛，而必须预先把他们的策略写成计算机程序，并且比赛途中不得修改，程序指示出参与人在每个回合想要做什么。这个决定既可能基于对手前期的行为，也可能是随机行动，还有可能是一直合作或者一直背叛。参与人预先知道，他们的对手是随机选出的，但他们不知道对手会做什么。(但他们都知道对手都很老练。)

参与人可选策略的范围很广。一个极端的选择是可以一直背叛，虽然直观上看这个策略不是太有吸引力，但是这个策略背后的逻辑很难被反驳，即使是重复博弈的情况也是如此。另一个极端是纯合作策略，总是把另外一边脸也送给对手，这个策略在遇到另一个友善策略的时候表现不错，但别的情况就不行了。所有其他策略都落在这两个极端之间。

大部分策略对于合作的对手都投桃报李——即使不是开始就这样，起码最终会如此。关键的区别就在于他们如何对付选择背叛的对手。一些报复性的策略一旦发现对手有一回合背叛，那么自己也会选择背叛并且持续到比赛结束。有些策略会在下一回合背叛，但是如果对手有所觉悟，也会再次选择合作。还有些策略会持续合作几个回合，在报复之前给对手改过自新的机会。

有些程序偏好如同火中取栗，它们会背叛一两次，期望对手会在激烈报复之前会先“教育”它们。如果计划成功，它们就会获得一些额外的点数。有些愤世嫉俗的程序会在最后一轮选择背叛（第一个比赛回合数是固定的），充分利用

比赛结束就不受奖惩的事实。最后，还有一些策略利用对手的历史信息来推断它们未来的行为。如果它们的对手过去能够忍受背叛，那么它们就会利用这一点，反之则不会。

考虑到参与人是多么老练，策略变化是如此多端，实验的结果却是出人意料地直截了当："友好的策略"——那些除非对手背叛，否则从不背叛的策略——总是胜过其他类型的策略。每个友好的策略都胜过所有非友好的策略，无一例外。

最优秀的友好策略会惩罚背叛行为，但不会长久地记仇，他们会给对手一次改过自新的机会。那些一路惩罚对手到底的策略则远没有这么成功。当一个不宽恕（但是友好）的策略正好遇到一个偶然会背叛，希望赚取额外点数的策略的时候，只能两败俱伤；当背叛者的小错被当做大错，自己的损失会很严重。但是背叛者改过自新的机会被对手顽固的策略所阻止，友好策略同样损失惨重。

出人意料的是，两个比赛的冠军都是拉波波特的所谓"以牙还牙"（Tit-for-Tat）策略。这个策略在第一轮先选择合作，然后每一轮都选择对手在上一轮的行动。这个策略有一些弱点：例如，它不会"意识到"对手是一个随机行动的参与人，所以会在改造对手上面做无用功。（这个策略在对付随机行动策略时的表现比其他策略差。）除此之外，在排除那些具有相同原则但有一些精巧改进的程序时，以牙还牙策略是两个比赛确凿无疑的赢家。

这个策略具有三种成功的要素：友善性、宽恕性和挑衅性。策略从不首先背叛，不会怀恨太久，但是也绝不姑息对手的背叛行为。以牙还牙策略和史密斯模型的布尔乔亚策略相似：它会合作（布尔乔亚策略会在适当的情况下顺从对方），但是不会让背叛行为逍遥法外（当对手破坏领地原则的时候，布尔乔亚策略会把冲突升级）。阿克塞尔罗德觉得，在史密斯模型里选择一个适存的策略，和在比赛里选择一个策略基本一致。实际上，计算机比赛可能可以视作一个生态系统发展的模型。（用“生态”而不是“演化”一词是因为计算机比赛里策略都是最初就确定好的，中途并不允许变异。）

想象一个动物的群体，当中的个体总是会重复地相遇。每个动物都有两种策略可以选择——合作或者背叛——以“存活后代的期望数量”来衡量盈利。再想象，各种策略在群体里一开始都是平均分布的，并且使用每种策略的动物后代数量，反映了策略在这一代的成功程度（也就是所累积的点数）。阿克塞尔罗德和汉密尔顿（Axelrod and Hamilton，1981）计算了比赛中的策略如果重复相遇会发生什么情况。随着总体的代际更替，策略的表现也会不同——适应某些总体的策略未必适应其他总体。但总的来说，结果显示，第一轮不适应的策略很快就消失了，并且达到了某种均衡。在500代以后，11个策略组人口有增加——也是第1轮最优的策略。以牙还牙策略从第1轮开始就一直表现最佳。

假设在计算机比赛里生存可以和寻找一个有效的演化策略进行类比，那么以牙还牙策略在一个环境里的成功可能表示它也会在环境下获得成功。实际上在现实世界中，至少在一定条件下，的确如此。

生物学家观察发现自然界里存在着很多共生关系——动物之间合作以获得共同利益的关系。但是在这些关系取得成果之前，人类所面对的合作障碍，这里也同样有待解决。罗伯特·阿克塞尔罗德和演化生物学家威廉·D. 汉密尔顿在他们的论文《合作的进化》（*The Evolution of Cooperation*，1981）里讨论了这些障碍。他们说道："问题就在于，如果个体可以从相互合作中获利，那么利用对方的合作行为可以获得更多的利益…… 对于两个注定不会再相遇的个体而言，博弈的唯一解就是背叛，尽管看起来很矛盾的是，双方的收益都比合作的情况更低。"（第 1391 页）这个故事我们已经很熟悉了。当动物几乎不可能再次相遇，合作的动机就会微乎其微，以牙还牙策略（或者任何类型的合作策略）都不可能流行起来。如果再次相遇的概率很高，使得囚徒困境博弈是重复进行的，那么以牙还牙策略会成功。而且在这些条件下，这种策略经常会在自然界里出现。

这类博弈理论的分析应用面之广令人称奇，例如，有机体不必具有大脑。就像阿克塞尔罗德和汉密尔顿指出的，即使是细菌也有能力参与博弈，因为它们可以探测到对手的反应，以及针对身边的化学环境做出反应。这就足以让它们惩罚背叛行为以及奖励合作行为了，因为它们有能力让对手的适应度下降，正如它们的对手也有能力还施彼身，而且它们的后代还可以继承这种辨别能力。

合作博弈里的两个有机体甚至不需要“认出”彼此，只要它们保持接触就够了。阿克塞尔罗德和汉密尔顿列举了很多这种共生关系的例子，比如寄居蟹和海葵、蝉和它们身上的寄生微生物，还有树和生长在其上的菌类。

在自然界里，以牙还牙策略一个更加司空见惯的例子是雌性榕小蜂和果树之间的博弈。榕小蜂的目标是产卵，从树的角度来看，榕小蜂的目标是为花授粉。如果榕小蜂只顾产卵而忽略了授粉的任务，那么果树就会让发育中的果实落地，榕小蜂的后代就会全部死亡。

阿克塞尔罗德和汉密尔顿还举了另一个合作博弈的例子：一种小鱼和它们的潜在捕食者。小鱼从大鱼的身上甚至嘴里吃寄生虫，同时大鱼以其他东西为食物。这种关系的关键是存在持续的接触，而这需要有一个可以组织会面的地方。这种关系只在接近海岸或者礁石的地方被发现，但是从来没有在公海发现过。

要在一系列的囚徒困境博弈里维持合作关系，一定要有足够的机会来惩罚背叛行为和奖励合作行为。在一个定居的蚁群里，共生关系是常见的。在一直搬迁的蜜蜂群里，这种关系就不得而知。如果这种关系很有可能在明天终结，那么在今天背叛的可能性就大大增加。阿克塞尔罗德和汉密尔顿观察到，一些寄生在肠道看起来无害的细菌，当肠道出现穿孔的时候，就变得有害起来。其他通常良性的细菌，当他们的宿主生病或者年老体衰的时候，会忽然变得危险。在这些例子里，当前利益都超过了未来预期的利益。

最后一个例子是马丁·舒比克创造的一个可供消遣的游戏，但后来发现这具有很多严肃的应用。不久前舒比克（Shubik，1971）描述了以下这个室内游戏：向观众中的某一位拍卖1美元的钞票，但是规则和以往不同，让出价最高的人获得标的，也实际支付出价，而让出价第二高的人支付他们的出价，但是什么也拿不到；同时隔离参加拍卖的观众，这样就不存在合谋。

舒比克预计，没有经验的参与人的出价会高于标的的价值。如果你出价95美分，被竞争对手出价1美元所超过，那么你的选择就是支付95美分但是什么都得不到（如果拍卖止于1美元），或者出价1.05美分，然后指望你的损失只有5美分——出价的1.05美元减去你获得的1美元。（麻烦就在你的对手也会因为同样的理由继续出价。）

在舒比克做出他的预测之后，理查德·特罗佩尔（Richard Tropper，1972）正式地进行了测试。他让被试者参与三组不同的拍卖，都按照舒比克的规则进行。在第一次和第二次拍卖中，“赢家”的出价都高于奖品的价值（其中一次是3倍于奖品的价值）。但被试者似乎懂得从经验中学习，因为最后一次出价明显下降。

乍一看这个博弈似乎既无聊又没有用处（不比真正的拍卖，只有赢家才需要付钱），但实际上这个博弈有几个重要的应用。当舒比克表述这个博弈的时候，他提到这个博弈在好几个方面都和军备竞赛相似。当一个舒比克拍卖的两个投标者进行再一轮投标的时候，双方都增加了潜在的损失，但双方的胜算都没有提高。类似地，在一个军备竞赛里，在双方都提高了军备水平之后，相对地形势并没有变化，但双方都已经付出了大量的投资。

演化的竞争中也涌现出同样的模型，约翰·黑格和迈克尔·罗斯（John Haigh and Michael Rose，1980）用这个模型来描述两个相互竞争的动物之间的博弈。两个敌手对同一片领地，或者同一个配偶感兴趣，试图通过看谁坚持得更久来解决争端。它们一直保持剑拔弩张的姿态，直到其中一方失去耐心，更有耐心的一方可以赢得胜利，但是双方都要为花费的时间付出代价。

在为盈利赋予数值之后，黑格和罗斯尝试推导一个演化稳定的策略。显而易见，没有一个单一的等待时间是最优的，如果有一个群体由固定等待的动物组成，那么一个等待稍微长一点时间的变异就会获胜。作者的结论是：这需要使用混合策略（大自然比他们更早得到这个结论）。一个更好的方案是提取一些非对称的特征——领先的幅度、留在领地最长的时间、领先的强度等——用这些来解决问题，这能节约所有人的时间。

## 一些观察结果

研究实验博弈的目的是要分离参与人行为决策的要素。我们希望最终有足够的知识让我们能预测行为，但时至今日，实验的数量比较有限，而且实验结果也缺乏整体的一致性。大部分的工作都围绕二人零和博弈，聚焦于在囚徒困境特别是在辨别选择背叛还是合作行为的决定因素方面。

囚徒困境的参与人经常无法达成合作。前面也提出了一些可能的原因，参与人可能只对提高自身的利益感兴趣。他们可能试图比对手获得更高的盈利（而不是最大化自身的盈利）。他们可能觉得对手会误解他们合作的意图，或者更甚者，对手即使理解了这个意图，也只会反过来利用自己。也有可能他们只是没有明白他们在做的事意义何在。

毫无疑问，参与人通常都难以明察秋毫。拉波波特（Rapoport，1962）提出，人们之所以无法在零和博弈里使用极小极大策略（事实确实经常如此），是因为他们洞察力不足。也有证据表明，基于同样的原因，人们会在非零和博弈里无法达成合作，参与人经常想不到除了相互竞争之外的玩法。在一组囚徒困境实验里，事后的回访显示，在29个清楚了解博弈基本结构的被试者之中，只有2个选择非合作的策略。在前文讨论过的格里斯默和舒比克（Griesmer and Shubik，1963a，1963b，1963c）的投标博弈里，很多参与人选择

竞争，只是因为他们没有了解所有的可能性，他们只理解到了博弈的竞争性而没有想到合作的方面；而选择合作的人也觉得不安——仿佛他们通过非法合谋来欺骗实验者。

除了这些因素，甚至再加上拉波波特对于零和博弈的观察，除了无知之外，还存在着其他因素使得参与人在非零和博弈里不能达成合作。例如，非常老练的人经常选择非合作行为，特别是在只有一轮的博弈里。又如，如果奖励有足够的吸引力，可能会导致合作行为，也有可能会导致竞争行为。显然决定选择合作还是竞争的因素非常复杂，而不信任、野心、无知和竞争性，这些因素如何导致竞争性的行为，实验对此无能为力。

实验者不能控制博弈里所有的显著变量，其中最重要的一个就是参与人的人格。可以预计两个人即使在相同的情景之下也会做出不同的反应。如果我们想要有丝毫的可能性可以预测博弈的结果，我们就必须超越博弈的正式规则，深入到参与人的心态里——这是件困难的工作。

实验者很早就已经知道人格的重要性，并且尝试通过多种途径测量或者控制它的影响。例如，杰里米·斯通（Jeremy Stone，1958）发明了一个聪明的方案，用来测量参与人的渴望（或者贪婪），以及他们对风险的态度。

参与人会收到非常多的卡片，获知自己和一个匿名的对手将要进行一系列的博弈。每张卡片上面都列出了某个具体游戏的规则。一张典型的卡片上面会写到：“你和你的对手每人选择一个数字。如果你的数字加上你的对手的数字的2倍之和不超过20，你们就会获得所选数字那么多的美元；否则，你们什么也得不到。”在这些卡片里面会有另一张卡片的规则和这个非常相似，但是参与人的角色对调：“你和你的对手每人选择一个数字。如果你的数字的2倍加上你的对手的数字之和不超过20，你们就会获得所选数字那么多的美元；否则，你们什么也得不到。”这些卡片是配对好的，所以每个被试者都会扮演两方面的角色——等同于自己和自己进行博弈。最终的分数只取决于他或者她自己的态度。

有些实验者尝试把参与人在囚徒困境博弈里的行为和他们在一些心理学测试中的得分联系起来，但不太成功。参与人的政治观点和他们的博弈行为之间有所联系。在丹尼尔·R. 卢茨克（Daniel R. Lutzker，1960）的一项研究里，参与人对一些陈述做出反应，据此对他们的国际主义程度进行评分。例如，“我们应该有一个世界政府，有权利制定所有成员国都要遵守的法律。”或者“美国不应该与任何共产主义国家进行贸易。”卢茨克发现了一个趋势：在囚徒困境博弈里，极端的孤立主义者比极端的国际主义者合作更少。

莫顿·多伊奇（Morton Deutsch，1960b）在一个类似的研究里发现，和囚徒困境博弈有关的两个人格特性是相互依赖的，而这些特质反过来依赖于参与人在一项心理学测试中的得分。多伊奇所说的特性是“信任”和“值得信任”。为此他进行了一种囚徒困境实验的变体，把博弈分为两个阶

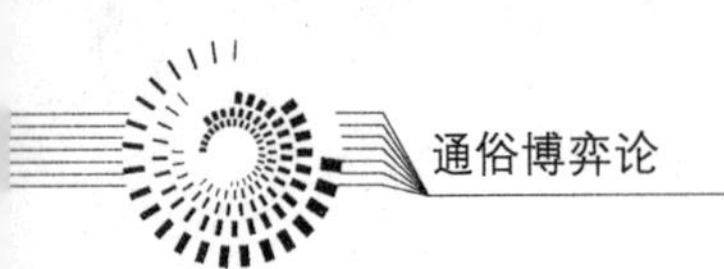


段。在第一个阶段，一个参与人选择一种策略；在第二个阶段，另一个参与人被告知前者作何选择之后，再选择一种策略。被试者会参加多次博弈，并且两种角色都要扮演。参与人信任别人到一定程度，就会在首先行动的时候选择合作；他们值得信任到一定程度，就会在后手行动的时候以合作行动来回应对手的合作行动。结果表明，“信任”和“值得信任”是显著正相关的，并且两种特质都和权威主义负相关（以明尼苏达多项人格测试（Minnesota Multiphasic Personality Inventory）的 F 量来衡量）。

还有很多实验试图把个体的其他特质例如智力、性别等和他们在博弈中的行为方式联系起来，但是成果并不理想。结果表明，人们过往的经验——特别是他们的职业——影响了他们的选择。我已经提到过，商人和学生在一系列批发商—零售商博弈的最后一轮的行为是多么不同。顺带一提，有一个研究是用囚犯作为被试者来进行囚徒困境实验。结果似乎反驳了“盗亦有道”的老话。实际上，囚犯在博弈中的行为和大学生非常相似：总的来说，他们倾向于不合作。

实验者试图在博弈中强加一个态度给参与人，希望控制参与人的人格。他们告诉参与人：“为你自己争取最大的利益，不要担心你的对手。”或者“战胜你的对手。”希望通过这种方式可以固定参与人的态度，但这些指令几乎没有效果。

## 行为模式

研究连续囚徒困境博弈的实验者还是发现了一些一致的模式。随着博弈的重复进行，参与人倾向于更少合作，而不是选择相反——尽管原因还不清楚。同样，面对对手的行动，被试者的反应也是一致的。假设一系列的囚徒困境实验被分成两部分。再假设，某些实验参与人的对手总是在实验的前半段选择合作，另一些实验里总是在实验前半段选择不合作。（这些实验里的“对手”都是实验者或者其助手。）研究发现，实验前半段的不合作行为，比起合作的行为，更能引起后半段的合作反应。

允许参与人进行交流的效果比设想中的更加微妙。一些实验者发现，如果参与人允许交流，合作结果出现的概率会提高。但多伊奇（Deutsch，1960a）进行的一项实验显示这种现象只在个人主义的参与人身上出现：他们想要盈利越多越好，而不关心对手的情况。会关心对手行为的合作性参与人，以及主要关心战胜对手的竞争性参与人，以相同的方式进行博弈，不论他们能否进行沟通。

多伊奇（Deutsch，1960a）进行的另一项实验进一步研究了交流的效果。实验设计了三种情景：双边威胁，其中每位参与人都对对方都有威胁；单边威胁，其中一位参与人对对方有威胁，而另一方没有；双方都没有威胁（有威胁指的

是参与人可以降低对手的盈利，而对自身的盈利没有影响)。在每一个情境中，一些参与人有机会交流，而另一些没有，但有机会交流的参与人可以选择不进行交流。一方面，在双边威胁的情境下，参与人可以交流的时候合作会更多，但是不能交流的时候就相反；当参与人确实尝试交流的时候，协商经常会退化成反复的威胁。另一方面，在单边威胁的情境下，如果参与人进行了交流，他们通常会没有那么强的竞争性，而当他们可以交流但没有实际进行交流，就会引发冲突或者加剧冲突。简单说，允许交流的效果依赖于参与人的态度，反过来，能否交流也会影响参与人的态度。

显而易见的是，这些实验最大的缺陷还是在于盈利的大小。这反映在加剧的竞争中：击败对手变得比最大化个人盈利更加重要。这也反映在参与人的个人陈述里：他们承认，在漫长、单调的重复囚徒困境博弈实验中，他们进行得漫不经心。还反映在批发商—零售商博弈里：一旦形成默契，总体的趋势是进行合作（最少对于学生实验的部分是如此)，合作的速度和背叛者的惩罚有关（要惩罚一个贪婪的对手，自己的成本是10美元的时候要比成本是100美元的时候容易)。我的观点不是说实验者做错了，而是说要非常谨慎地分析结果。

## 现实中的二人零和博弈

要对现实生活中发生的“博弈”进行研究是很困难的，

但依然有人做出了尝试。这些成果最好还是留给专家来判定，我提及一二就足够了。

其中一个进行博弈论研究的领域是商业，其中的分析只是描述性的。我前面引用的一个研究涉及出租车价格战。在其他研究里，商业竞争会和武装冲突进行比较，引发价格战的因素已经产生了一些研究成果。在广告领域，建立了更多的正式模型，包含了更多的问题：设定广告预算，把资金分配到多个媒体以及/或者地理区域，决定播放广告的最佳时段，等等。甚至还有人想要把印度粗麻布（Indian burlap）的交易整合进博弈论框架里，还要分析可能发生的联合、策略和威胁。

政治科学家同样从二人零和博弈里借用概念。我提到过马斯库勒在裁军模型方面的应用，其他模型集中在核威慑和核试验方面。有些模型用扩展式来进行研究，要决策的对象是军事资源：把非军事资源转换成军事资源，或者按兵不动等。交流所扮演的角色，特别是在美国和前苏联之间，也在这个基础上进行过研究。

在这些模型里，要用精确的数值来表达盈利实际上是不可能的。不过使用近似值来让研究得以进行，也足以让我们获得很多见解。在下一章，对于超过 2 个参与人的博弈，数值估计更加困难——例如我们会研究 1 个选举机构里中 1 个成员选票的影响力。

## 问题的解

1. 这个博弈当然就是著名的囚徒困境，单次博弈和重复博弈都已经在正文里作过详细的讨论。对于（a）、（b）还是（c）都没有明确的答案，但是以牙还牙策略是计算机博弈竞赛里最成功的策略。

2. a. 如果你的策略受到限制，当然有可能获得更高盈利。一个酒商要用降价来面对竞争，可能会从一个锁定价格的法律中获利。

你的对手

| | | A | B |
|---|---|---|---|
| 你 | C | (1，3) | (5，1) |
| | D | (0，−90) | (3，−100) |

**图 5—30**

b. 如果允许交流并且有机会达成协议，那么你就可以威胁你的对手，如果不选择 B，那么你就会选择 D。如果不能交流，那么你的对手就会选择 A，并且合理地推断你会选择 C。

c. 图 5—31 所示的对称博弈，结果并非一目了然（这依赖于你们是否可以交流，是否可以给予补偿，以及你的谈判能力）。但是如果博弈的规则要求你先行动，并且你选择了 C，那么你就很有可能获得 30，这是你最高的盈利。

d. 让对手知道你的效用函数，可能是你的优势，也可

|  |  | 你的对手 A | 你的对手 B |
|---|---|---|---|
| 你 | C | (10，10) | (30，25) |
| 你 | D | (25，30) | (20，20) |

图 5—31

能是劣势。如果商品买卖可以讨价还价，而且你非常希望得到某些东西，那么你最好还是把情绪隐藏起来。但如前所述，一家有财务困难的公司正在和工会谈判，他们会把自己的困难告诉对方。

3. 这些问题的答案要取决于你个人的反应。但是毫无疑问，如果你的份额小到一定程度，你就不会去最大化自己的收益，而是会最小化你对手的收益了。

4. 如矩阵所表达的，对于社区来说，忽略法律的成本比执行法律的成本更低。但是如果社区在 10%的时间里执行法律，那么盈利矩阵就会如图 5—32 所示。如果有足够的宣传，那么社区只要花费 2 的成本，就可以引导理性的超速者把速度降下来。

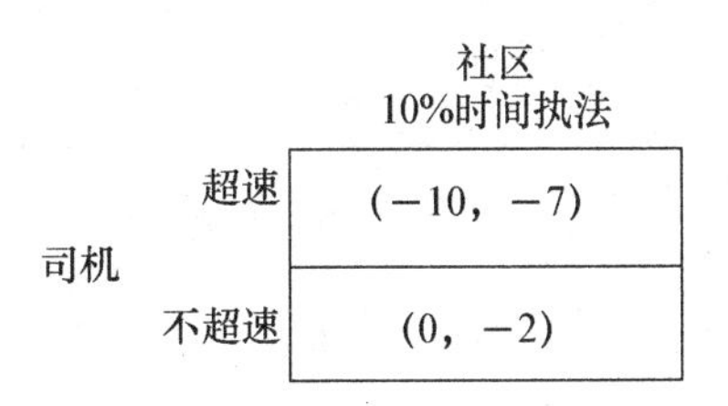

|  |  | 社区 10%时间执法 |
|---|---|---|
| 司机 | 超速 | (−10，−7) |
| 司机 | 不超速 | (0，−2) |

图 5—32

5. a. 这是另一种形式的囚徒困境博弈。注意到 i 占优于 i+1；就是说，你选择 9 至少和选择 10 一样好，选择 8 至少和你选择 9 一样好，依此类推。所以我们会看到每个参与人都选择 1。但是每个参与人平均只获得 1/2 的结果是难以接受的，因为每个参与人本来都可以获得 5。如果博弈重复进行 50 次，那就更不可能了。

b. 詹姆斯·格里斯默和马丁·舒比克（James Griesmer and Martin Shubik，1963）早期进行过一次实验，参与人有时候会在 10 和 9 之间交替选择，显示他们试图合作。但是他们的对手在更多情况下会用竞争的眼光来看待博弈，所以会觉得自己的对手要么是笨蛋，要么就是想欺骗自己。只有少数信号被正确地解读，增进了双方的利益。

6. 我希望你还没猜出来，你的对手就是你自己。如果你对比图 a-c、d-g、b-e 和 f-h，你会发现它们都是同一个博弈，只是从不同参与人的角度来看而已。实际上你是和自己进行博弈。作为一个粗略的指引，我列出了每对博弈的纳什值（通过极大极小化 $XY$ 获得）。如果你获得了很多 0，说明你太贪婪。如果你的分数比纳什值低太多（但是是正数），说明你太谦逊了。

| 博弈对 | Nash 值之和 |
|---|---|
| a-c | 25+10 |
| b-e | 50+5 |
| d-g | 11.5+53.3 |
| f-h | 56.6+28.3 |
| | 8 个博弈总和为 239.7 |

注：这个实验最早由杰里米·斯通（Jeremy Stone，1958）发明。

# 第 6 章

# $n$ 人博弈

## 问题导入

当我们从前几章来到后几章，参与人似乎失去了对其命运的控制。在二人零和博弈中，若存在均衡点，则参与人总能索取其应得的；若不存在均衡点，他们也总能在平均意义上得到其应得的。在二人非零和博弈中，参与人的命运必受自己和对手共同控制，同时他们也控制着对手的命运，把对手劫为人质。在 $n$ 人博弈中，即便有这种人质威慑的方法，通常也被参与人摒弃了。他们必须与他人结盟，考虑自己必须提供和接受何种激励。跟以前一样，我们将从回答如下引导性问题展开本章的讨论。

1. 某工程师、某律师和某财务主管在公司破产后都失业了。现在他们已获得工作邀请，若他们以团队加盟新工作，就会获得一笔额外奖励。“工程师—律师”组合的额外奖励（以千美元计）是16，“工程师—财务主管”组合是20，“律师—财务主管”组合是24。若三人全体作为一个团队加盟，则奖励为28（见图6—1）。

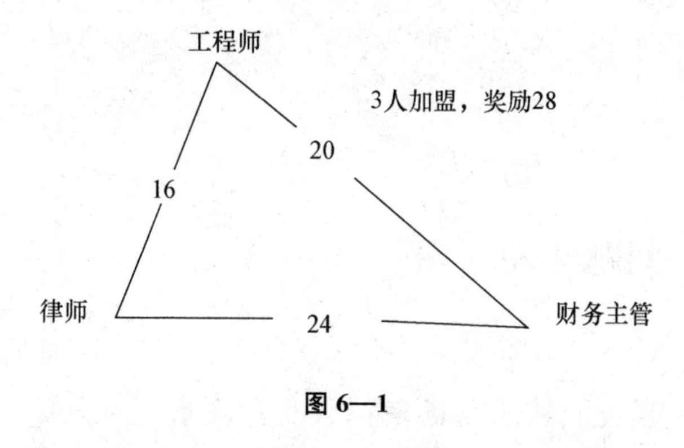


**图6—1**

在加盟之前，团队必须决定如何分配这笔奖励。

a. 此三人应该/将会一起加盟吗（因为这样做可使他们得到最大奖励）？若他们真的一起加盟，则每个组合能否得到不少于以其组合单独加盟时所能得到的奖励？（若不能，则某个二人组合何不从三人团队中脱离出来，以获得更多奖励呢？）

b. 这三个组合中，每一组加盟时，参与人应如何分享奖励？

c. 假设三人一起加盟的奖励为40而非28，且其他条件不变，回答上述问题a和b。

2. 三位季节性经营的零售店店主A、B和C共用一个仓库，该仓库每次只能供一人使用。三人对仓储的需求各不相同。A所需空间的价值为6 000美元，B为8 000美元，C为10 000美元。仓库必须够大，以便能满足仓储空间需求最大的用户，故其租金为10 000美元。考虑到各自的需求，三个租户应如何分摊租金成本？

3. 在本章我将尝试对“势力”（power）的度量给出定义。请用你自己关于势力的直觉看法，回答如下问题：

a. 由A、B和主席C组成的某个委员会，现在必须在如下三个备选项目中择其一：X、Y和Z。A偏好X胜于Y，偏好Y胜于Z；B偏好Z胜于X，偏好X胜于Y；C偏好Y胜于Z，偏好Z胜于X。

委员会的决策是多数票决定，但是，倘若没有哪个备选项目得到两票，则主席的投票就起决定性作用。委员会中谁会拥有最大的势力？倘若人人皆老谋深算，结果将如何？（注意：这个问题比表面看上去更微妙。）

b. 过去，在纽约市预算委员会（New York City's Board of Estimate）中，市长、审计官和委员会主席每人有3票，布鲁克林和曼哈顿两个区的行政长官各有2

票，其他三个行政区的区长各有1票。现在，所有行政区的区长各有2票，而其他成员各有4票。得到多数票的议案将获得通过。上述变革使得哪些成员更有势力，又使得哪些成员更没有势力呢？

c. 在某个由多数原则做决策的投票组织中，

(1) 小组抱成一团。在每次投票前，组员退到密室，通过多数票确定小组的立场，然后回到上级组织中，按小组立场统一投票。上述程序是否会改变他们的势力？如何改变？

(2) 假设成员握有不同票数（例如，他们可能是按股份投票的股东），现在新增一个成员，导致投票总数增加了。老成员的势力一定会被削弱吗？他们能否在事实上增强势力？（假设三个老成员分别握有13、7、7票，而新成员握有3票。）

d. 一个州在选举团中拥有的票数反映出该州在参议院和众议院中的席位。议员数大致与州人口数成比例，但大州小州均有两个额外的参议员席位。此横加于委员会的额外两席，是否不公平地稀释了最大州的势力？

e. 在一个5人团体中，决策由多数票决，成员分别握有1、2、3、4、5票。请讨论这些投票者的相对势力，其势力是否与其所握票数成比例？

4. 立法委员在某个问题上屈意投票，以换取在更重大问题上的支持，这就是所谓的投票交易。投票交易违背了投票者本意，扭曲了投票机制，但它一定会给直接牵涉的各方带来好处，否则他们就不会这么做。那么，投票交易对整个社会来说是好还是坏呢？

5. 投票团体可以用多种方式来做出决定——不同成员可握有不同票数，可能存在决胜选举，等等。但某些基本法则对任一合理的程序都是成立的。你会将如下内容囊括其中吗？

a. 若某个小组（在两两投票中）偏好A胜于B，偏好B胜于C，则该小组偏好A胜于C。

b. 若所有成员均只有一票，他们都将票投给自己最喜欢的备选项目，从而群体将选择出多数人喜欢的项目。

c. 倘若在备选项目A和B之间进行两两选择时群体更偏爱B，则群体就永远不会选择A。

6. 一个州在众议院的席位理应反映该州人口数量，但这样做通常会使一个州在参议院的人数存在一个小数位——现实中这是不可能的。考虑如下近乎完美的状态：将每个州理想的席位数表达为一个整数加上一个恰当的小数。给每个州以整数席位，此外，对具有最高小数部分的州给予一个额外的席位，这样所有州的席位总数就会等于众议院总席位数。你能找到某些理由反对这一方案吗？

7. 市议会的议员们正在斟酌几个提案，但只能资助其中之一。所有议员都同意，市议会的决策应该在一定程度上反映他们的感受，每个议员的偏好应赋予相同权重。对如下每个计划，你有何看法?

a. 每位议员都只能为自己中意的项目投一票，且采用多数票决的原则。

b. 进行一场“比赛”，其中每次投票给两个项目。每个投票阶段淘汰落选的项目，采纳最终的胜出项目。

c. 议员们投票给自己中意的项目，淘汰最不受欢迎的那一个。进行一系列投票，每次淘汰一个项目，最后选择胜出者。

1968年10月20日，《纽约时报》刊载了一篇题为《我们用牛车方式选出了太空时代的总统》(*The OX-Cart Way We Pick a Space-Age President*) 的文章，文章分析了选举团在总统选举中的作用。作者约翰·A. 汉密尔顿 (John A. Hamilton) 断言，尽管参议院分配给大州和小州同样的2个额外席位，但大州选民比小州选民将更具优势。他说：“在赢家通吃的选票分配方式中，大州拥有过度的势力。虽然许多选民会去纽约的投票点而不是阿拉斯加的投票点，但他们有机会影响更多的选票，总而言之，每个纽约人都有大得多的机会去影响选举结果。”

来自大州的选民所拥有的优势并非一目了然。纽约控制的选票团显然比罗得岛州控制的选票团要大，但纽约的单个选民对州选举的影响比罗得岛州单个选民的影响则要小，这就是我们关心的单个选民的力量。汉密尔顿掂量了这两种相反的趋势，认为大州占了便宜。为了获得证据，他翻阅了投票记录。他指出，1884 年大选中，只要纽约有 575 名大众选民转投，就会让詹姆斯·布莱恩（James Blaine）而不是格罗弗·克利夫兰（Grover Cleveland）成为总统。他进而列举了四次总统选举，其中，若纽约以 2 555 票、7 189 票和 10 517 票和加利福尼亚以 1 983 票转投，选举结果就会大不一样。基于此，他总结说，大州对总统政治的影响超过了他们的实际选举规模。

既然知道大州（或者更确切地说，是大州的选民）在选举团中更具优势，问题就出现了：这是不是国会分配选票方式的一种特性，或者它是否在此类投票机制中总是存在？概言之，我们如何评估某个选民的“势力”？

事实上，大州的选民并不必定比其他选民更有势力。假设有五个州，其中四个州各有 100 万选民，另一个州仅有 1 万选民。现在，这 1 万选民的州在选举团中无论有多少席位（只要它有席位），它都和其他州同等强势，因为多数州必然包括三个州——任意三个州。实际上，所有的州在选举团中将具有同等的势力（假定多数票决且大州占有相同的席位）。但是小州的单个选民对本州如何选举有更大的影响，因而也就更有势力。

让我稍稍改变一下条件。假定一个州在选举团中有 120

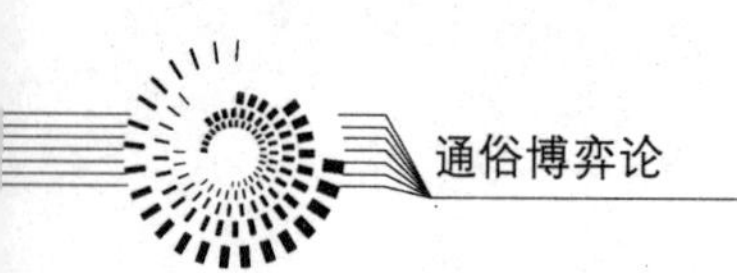


张选票，其他三个州各有 100 张选票，还有一个州有 10 张选票。现在，这个有 10 张选票的州绝对没有势力，该州的选民亦是如此。无论最终投票结果如何，10 张选票这个州的立场都无关紧要，因为该州不可能通过改变其投票来影响选举结果，故该州选民的权利完全被剥夺了。

我们将在后面讨论另一个问题，即：给参与人切实指派反映其投票力量的数字。

总统选举本身就是一种博弈。选民即参与人，候选人是策略，选举结果即盈利。这是一种 $n$ 人博弈，博弈中的参与人超过 2 人。显而易见，3 人或更多参与人的博弈在特征上通常与少于 3 人的博弈有极大的差别。

当然，$n$ 人博弈也可有相当多的种类，下面是一些例子。

## 一些政治例子

在地方政治竞选中，主要的问题是年度预算规模。众所周知，每个选民都有自己偏爱的某个预算，并将投票给与他或她立场最为接近的党派。对竞选的三派来说，他们完全是机会主义的。他们深知选民意愿，企求获得尽可能多的选票，就不能不关心上述问题。若各党派须同时公布其预算方案，他们应采取什么策略？若他们并非同时做出决策，情况会有何不同？若竞选的党派是 10 个，而不是 3 个，情况会有很大差别吗？若是 2 个党派呢？

1939年，有3个县需要决定由州提供的财政援助如何在它们中间分配。该项援助将用于学校建设。而在这3个县，总共要分配和建设4所学校。

人们提出了4种不同的方案——我称之为A、B、C和D——每一个都代表一种不同的分配情况。最终方案将由3个县2/3多数票选出。各县、各方案以及学校分配之间的关系如图6—2所示。

方案

| 县 | A | B | C | D |
|---|---|---|---|---|
| Ⅰ | 4 | 1 | 2 | 0 |
| Ⅱ | 0 | 0 | 1 | 2 |
| Ⅲ | 0 | 3 | 1 | 2 |

**图6—2**

表中的数字表示的是，在每个方案中，每个县将建设多少所学校。假设每次针对两个方案投票，直到剩下最后一个方案，其他方案皆淘汰出局。若每个县都支持在本县建最多所学校，则哪个方案会胜出呢？投票的顺序很关键吗？若是某个县投票给自己不太喜欢的方案，是否会因此获益？

某个国家有5个政党，以比例代表制选举国家的统治机构。各政党在立法院的力量取决于他们所占的席位数：8席、7席、4席、3席和1席。当足够多的政党联合起来，确保成为多数时，统治联盟就形成了。也就是说，此时联盟控制了23个席位中的12席。假设统治联盟可获得好处——例如任免权、内阁部长职务等——则何种联盟将会形成？每

个政党应如何瓜分这些战利品？

## 一些经济例子

在某个城市，所有的房屋都坐落在一条单街的两旁。假设消费者总在离自己最近的商店购物，则零售商应该把商店开在何处？选址是否因商店的数量而有所不同？

几个时装设计师将在某既定日期发布新款时装。新款一旦发布，就不能再改变款式。新款服装的一个最重要的特征，也即最终决定其销售的特征，是裙边的高度。每位顾客皆有其所好，并会购买最接近其偏好款式的服装。假定设计师知道购买每种款式的女性的比例，则公司应该生产何种款式的服装？

某经纪人写信给 3 位演员，表示可以为他们 3 人中任意 2 人提供一份工作。这 3 名演员的知名度各不相同，因此雇主愿意为某些组合支付比其他组合更多的酬金。具体地，A 和 B 可得到 6 000 美元，A 和 C 可得到 8 000 美元，B 和 C 可得到 10 000 美元。获得工作的 2 个演员可根据自己的喜好任意分割这笔钱。不过，在接受工作前，他们就必须议定如何分割这笔钱，先达成一致的 2 个演员将得到这份工作。能否预测哪一对组合会得到这份工作？他们将如何分割这笔钱？

有 4 个零售商联合占据着城市的某个街区，一家批发商打算兼并其中一个。若兼并成功，批发商和零售商将会获得

100万美元的联合利润。不过，零售商们还有另外一个选择：它们可以绑在一起出售给某实业公司，通过这种方式获得100万美元的联合利润。我们能预测该博弈的结果吗？若批发商与一个零售商联合起来，它们应如何分享这100万美元？

某发明家与两家相互竞争的制造商中任一家合作，都可通过一方的专利和一方设施赚得100万美元。若发明家和其中一家制造商联合经营，它们该如何分配其利润？

## 分　析

以博弈为模型予以运用的优势之一，是可以同时分析许多截然不同的问题。此处正是如此，比如，在地方政治竞选中，各党派所处的局势与第一个经济例子中零售商所处的局势非常类似；进而，他们面临的问题与第二个经济例子中时装设计师面临的问题也是一样的。对于政治竞选的例子，诸如确定预算之类，其问题无需量化。对于任何问题，若或多或少存在一维的观念范围，比如自由与保守，或者高关税与自由贸易，则都会牵涉选择立场。乍一看，似乎各党派应该采取中庸立场；若只有两个党派，且它们按先后顺序而非同时做出决策，则这正是通常发生的情况。在总统竞选中，保守党和自由党通常（虽然并非一成不变）倾向于向中间立场靠拢，从理论上而言极端的选民将别无选择。在类似的情形中，相互竞争的商店会倾向于聚集在市中心，时装设计师会追随温和的风格。但是，当政党很多的时候（或者市内有很多商店，或很多时装设计师），则迎合一些边缘立场也许会更好。若存在比例代表制，则10个党派中的某个党派也许乐于只得到20%的选票，尽管这意味着放弃任何获取中间立场选票的机会。

倘若你审视一下参与人在上述博弈中必须解决的问题——如何赢得最多选票，如何获建最多学校，如何售出最多服装——你就会发现，根本的考量与势力有关：参与人或参与人联盟的势力，事关博弈的最终结果。

势力的确存在。相对于较简单的单人博弈或二人博弈，在$n$人博弈背景中，势力是一个更加微妙的概念、更难以掌握。在单人博弈中，参与人自己决定博弈结果，或者与非恶意的老天爷共同控制结果。在二人零和博弈中，参与人的势力——基于其自身拥有的资源可确保获得之物——良好地测度了参与人有望从博弈中得到的东西。

二人非零和博弈略微复杂。这类博弈中，参与人同样可以运用势力去惩罚或奖赏对手。施加于对手头上的势力能否增进，以及能够在多大程度上增进参与人自己的盈利，将依存于对手的个人特性。既然势力无法由参与人自己加以转变，故其价值也不完全明确。然而，这种势力极其重要，任何有意义的理论都有必要将其纳入考虑之中。

在$n$人博弈中，势力的概念更为难懂。当然，参与人总是能靠自己得到最小盈利。为了得到更高的盈利，参与人必须与其他人联合，就像他们在二人非零和博弈中所做的那样。但在$n$人博弈中，若其他人不愿合作，参与人就得不到资源。从而，超过最小盈利，参与人看似会孤立无援。不过，明显弱小的参与人形成联盟确实会产生势力。因此，参与人拥有潜在的势力，他要求其他人的合作成为现实。$n$人博弈理论的一个基本作用是，使得潜在势力这个概念更加精确。

对于评估参与人潜在势力的问题，如何加以分析？为了阐明这个问题，让我们回顾一下前面的例子。假设，在第三个经济例子中，3个演员中有1个在讨价还价开始之前，就接触了某个外部方，无论他赚得多少，该外部方都给他一笔总金额作为回报。于是这个第三方要为这个演员讨价还价：他可以代表演员提供或接受任何自己心仪的议价，当然，他也要承担被彻底扫地出门而一无所获的风险。这个第三方为获取演员代表权而愿意支付的金额，可视为该演员在博弈中的势力的指标。

上述说法以更为具体的方式陈述了潜在势力的评估问题，却并未让我们通向博弈的解。实际上，对于此类博弈，许多不同的解概念都是有可能的，我们将在以后予以讨论。现在，我们先看一种方法，图6—3总结了这个博弈。

在这个博弈中，大家的第一反应可能是认为B和C将会联合起来，因为他们可以得到最大盈利：10 000美元。他

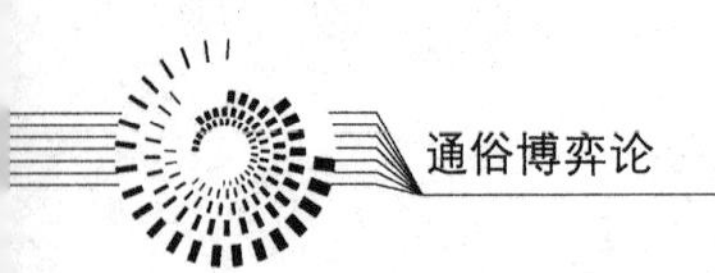


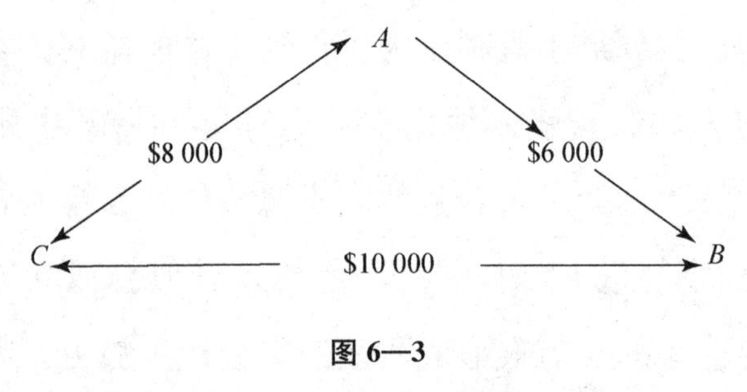


**图 6—3**

们如何分配这些钱则是另一个重要问题。人们会猜想，未能和B或C组成联盟的参与人A，在决定如何分钱的过程中将起到重要作用；因为若B和C未能达成一致，则他们会转而寻求A。B和C各自能得到的份额某种程度上与联盟AB和联盟AC的价值有关。既然联盟AB的价值比联盟AC的价值更小，由此得到结论：B的所得将少于10 000美元的一半，看起来是合理的。

然而，上述论断存在明显的缺陷。一旦A意识到自己处于劣势位置，他必然降低要求。很明显，对他来说，结成联盟将更有好处，即使要把绝大部分份额让给盟友，那也比孑然一身什么都得不到更好。从而，即便是很"显然"的一个结论——B和C将会结盟——看来都全是问题。

问题如何破解？上述讨论给出了一个大致的、定性的想法，有这个想法就足够了。不过，看看关于上述博弈的某些结论，可能是很有趣的；这些结论的获得乃是基于一种理论，但结论后的推理并未详述。我打算运用奥曼-马斯库勒理论（Aumann-Maschler Theory)，因为它特别简单。

在3个演员的例子中，若存在联盟，奥曼-马斯库勒理论并不预测哪个联盟将会形成。但是，它确实会预测某个参与人加入联盟后将得到金额多少；并且其所得金额并不取决于形成哪个联盟，至少在这个博弈中是如此。具体而言，该理论预测A会得到2 000美元，B会得到4 000美元，C会得到6 000美元。

在批发商—零售商兼并的例子中，奥曼-马斯库勒理论并不预测会形成什么联盟（它从来不预测这个）。事实上，在这个例子中，它甚至不会预测参与人瓜分这笔钱的确切方式。它只是简单断言，若一个零售商与批发商联合，则零售商将得到100万美元的1/4～1/2。在发明家和两个竞争制造商的问题中，该理论预测发明家几乎会得到全部的利润。

学校建设和国家选举的例子是投票博弈——$n$人博弈的一个常见来源——的另外两个例子。给立法院中各政党分派力量的问题，与州选举团分派力量（先前曾讨论过的问题）非常类似。在国家选举的例子中，参与人（也就是各政党）的真实势力并不是看上去那样的。在这个例子中，占4个席位的政党和占7个席位的政党拥有完全相同的力量。若占4席的政党要成为多数席联盟中的一员，就必须与占8席的政党（和其他可能的政党）结盟，或者与7席的政党以及一个更小的政党（和其他可能的政党）结盟。而占7个席位的政党也须如此（除非在第二种选择中，占7席的政党和占4席的政党角色正好相反）。

最后，在学校建设的例子中，各县投票的顺序至关重要。假设投票顺序是 CABD，这意味着提案 A 和 C 将首先票决，然后是 B 与它们的胜者竞争，最后 D 和第二轮票决的胜者竞争，投票结果如图 6—4 所示。从而，在 C 和 B 的票选中，C 将胜出；这可表示为 C>B。同理，D>A，C>A，D>C，B>D，A=B（即 A 和 B 乃是平手）。

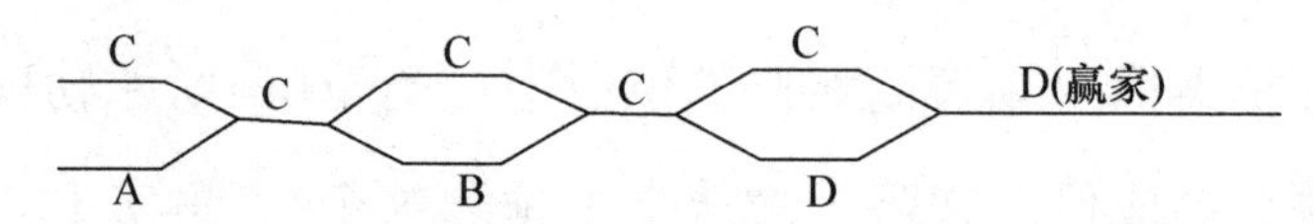


图 6—4

若投票顺序是 DACB，结果将如图 6—5 所示。注意，在投票顺序为 CABD 的第一轮投票中，进行策略投票对 I 县有着很大的好处。在第二轮竞争中，I 县应该投票给 B 而不是 C，即使它更偏好于 C。若它真的投给 B，则 B 会在第二轮票决中胜出，并最终赢得胜利。通过这种方式，I 县可获建一所学校。若 I 县不进行策略性的考量，而总把票投给自己最偏爱的方案，则方案 D 将最终胜出，I 县将不会获建任何学校。也请注意，若 B 和 D 先配对进行票决，然后 A 遭遇它们中的胜者，则 C 将会是最终的选择；若 D 和 C 先配对票决，胜者与 B 竞争，A 和 B 将打成平手。既然这四种情况中有三种都可得到明显胜利，第四种情况中提案 A 和 B 可一起胜出，则投票顺序至为关键就是很明显的。

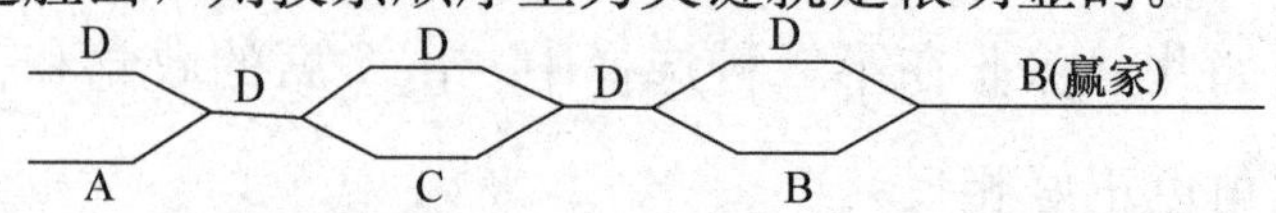


图 6—5

应当承认，上述阐释都是高度简化的。现实永远复杂得多。譬如，某位议员也许比另一位更有势力，虽然事实上一人只有一票。诸如美国总统选举之类的复杂现象，几乎不可能由一个单独的模型来刻画，不妨来考虑一下其中的某些困难。

在总统选举的过程中，存在很多博弈，其中一个博弈是政党的全国代表大会*。代表中有少数人是党魁，他们控制着大量票数，并且（希望）积极采取行动，以便最大化其政治势力。这些党魁须做出两个基本决策：支持哪个候选人，以及何时宣布他们的支持。这些党魁天生偏爱胸怀天下的候选人，但他们必须谨慎，因为一旦他们支持的候选人失败，他们就会失去一切。若他们设法支持了最终的赢家，他们就可获得某种好处，这取决于党魁的势力，以及候选人对其支持的需求等。这些收益可以表现为互惠支持或任免权等形式。

有两位政治学家，纳尔逊·W. 波尔斯比和阿伦·B. 维尔达维斯基（Nelson W. Polsby and Aaron B. Wildavsky, 1963），建立了一个代表大会模型，考虑了如下现象：（1）一旦某个候选人的成功变得显而易见，声势浩大的政治活动就会倾向于这个候选人；（2）候选人的胜算和他为了寻求支持而做出的让步之间存在反向关系；（3）候选人有必要鼓舞胜利预期。倘若候选人在一定的时间内未能胜出或者未能增加其得票，其后他的得票就不会长期保持，它将会下

* 全国代表大会（national convention）是美国政党为提名总统候选人而召开的。——译者注

降。结果是，候选人经常“隐藏”他们控制的选票，并在他们认为最合适的时候陆续释放出来。

一旦完成候选人提名，就会迎来新的博弈——与第一个政治例子描述的博弈非常类似，现在两个政党必须对多个而非一个问题进行表态。当然，他们并不能像例子中所假设的那么随便，因为各政党都确确实实有意识形态上的承诺。

选民也在博弈，即使在仅有两个候选人的最简单情形中，也可能存在问题。若选民位于政治光谱（political spectrum）的某个极端，而他们只是盲目地支持那些与其立场最接近的候选人，则他们的意愿就几乎被忽略了。若他们弃权，或另选他人，则自己更不喜欢的候选人就更可能胜出。化解此种风险的方法是增加选民影响力的未来机会。无论极端的选民在何时离中间立场越来越远，只要他们是统一行动，则政党都必须认真对待。当候选人不止两位时，情况还要复杂得多，因为你必须决定究竟是投票给自己心仪但胜算不大的候选人，还是投票给自己不太中意但某种程度上有更大胜算的候选人。

很显然，对上述所有博弈，以原始形式进行分析是根本不可能的事。相反，我们必须建立简化模型，并力求构造出看似合理的解。这是可以做到的，而且事实上已经通过一些方法做到了。某些解力求在参与人力量的基础上达到一个公正调停点（arbitration point）；另一些解试图找出诸如买卖市场均衡之类的均衡点；有些人则将解定义为满足某个稳定要求的可能结果之集合。

## 冯·诺依曼-摩根斯特恩理论

在《博弈论与经济行为》(*The Theory of Games and Economic Behavior*, 1953) 这本著作中，约翰·冯·诺依曼和奥斯卡·摩根斯特恩首次定义了 $n$ 人博弈，并引入了它们的解概念。所有研究 $n$ 人博弈的著作都深受这本经典著作的影响。让我在一个具体例子的背景下来讨论冯·诺依曼-摩根斯特恩方法 (Von Neumann-Morgenstern approach，从现在起我称它为 N-M)，这将使其易于理解。

假设有 3 家公司 A、B 和 C，每家公司值 1 美元。假定他们中任何 2 家或者 3 家一起，都能形成一个联盟。若形成这样的联盟，它将获得额外 9 美元，故一个二人联盟价值为 11 美元：每家公司初始拥有的 1 美元，加上额外的 9 美元；而三人联盟价值为 12 美元。我们假设每家公司都无所不知。为简化起见，假设效用与货币金额一样。接下来的事情就是要决定将会形成的联盟以及金钱的分配。但在破解这个问题之前，我想对 $n$ 人博弈先做一些一般性的考察。

## 特征函数形式

我刚才描述的博弈可以说是以特征函数形式出现的。每

个联盟都对应一个数值：联盟的价值。联盟的价值与二人博弈的盈利值非常相似，它是联盟成员作为一个团队共进退时，联盟所能获得的最少金额。

对于很多博弈，特征函数形式是其最自然而然的描述。例如，在立法机构，决策是由多数原则支配的，联盟的价值非常明显。容纳了大多数参与人的联盟，将拥有全部的势力；而未能获得大多数成员的联盟，将毫无势力可言。在其他的博弈中，例如参与人为市场买卖双方的博弈中，联盟的价值可能就不甚清晰。但 N-M 理论证明，这类博弈原则上也可以简化为如下特征函数形式。

N-M 理论从 $n$ 人博弈开始展开，博弈中每个参与人都从多个备选项目中选择其一，这些选择将导致某些结果：每个参与人都会得到其盈利。参与人可行的策略可以是确定价格或数量、投出选票、雇佣销售新人的数量，诸如此类。设定了这些环境之后，N-M 理论问：若参与人联盟（我们称之为 S）决定统一行动，以便获得他们所能得到的最大可能组合盈利，此时会发生什么？联盟 S 希望获得什么？

N-M 理论发现，这个问题与我们在二人博弈中面临的问题的确是相同的。S 的成员们组成了一个“参与人”，而其他的每个联盟则组成了其他的“参与人”。假设联盟 S 以外的参与人采取敌对态度，我们就可像先前那样，计算联盟 S 的最大盈利。我们用 $V(S)$ 表示这个数，并称之为联盟 S 的价值；任何联盟的价值都可用这种方法计算出来。

上述过程提出了一个问题，与先前曾出现的问题一样：S以外的参与人，是否真的试图最小化S中参与人的盈利？在这里，N-M的回答与在二人博弈中是一样的：若博弈是完全竞争的，则S以外的参与人就会这么做。由于这个原因，N-M假定$n$人博弈是零和的；也就是说，若任一联盟S的价值与由S以外的人所组成的联盟的价值相加，其和始终不变（若不止两个联盟，联盟价值之和可以减少，但绝不会增加）。

## 超可加性

由于$n$人博弈种类繁多，指派给联盟的价值几乎可以采取任何形式——几乎，但不完全如此。几个特定联盟的价值之间的基本关系，是这些价值的定义方式所产生的结果。

假设两个联盟R和S没有共同成员。联盟R或S中的所有成员组成了一个新的联盟，以$R\cup S$（$R$并$S$）表示。显然，新联盟的价值至少得与联盟R和S价值总和一样大。R的成员可采取确保他们得到$V(R)$的策略，而S中的参与人可采取确保他们获得$V(S)$的策略。从而$R\cup S$至少能得到$V(R)+V(S)$（这是非常可能的，当然，$R\cup S$甚至还可以做得更好）。上述要求即所谓的超可加性，它须由特征函数予以满足。换言之，若任意两个联盟R和S没有共同成员，且$V(R)+V(S)\leqslant V(R\cup S)$，则特征函数就是超可加的。

现在回到最初的例子，考察某些结果。第一种可能性是，全部的三个参与人都联合起来。此时，对称性表明，每个参与人均获得盈利 4。我用（4，4，4）表示这个盈利组合，括号里的每个数字分别代表 A、B、C 公司的盈利。第二种可能性是，只有两个参与人会联合——比如 B 和 C——并均分他们获得的 11 美元，但联盟不会带给 A 任何收益。此时，盈利组合为（1，$5\frac{1}{2}$，$5\frac{1}{2}$），A 仍只有 1 美元。第三种可能性是，参与人无法达成一致，只能保持最初状态，故盈利组合是（1，1，1）。为了弄清楚上述任一结果或某些其他结果能否成为现实，我们不妨想象一下谈判是如何进行的。

假设，有人率先提议盈利组合（4，4，4），这看似非常公平。但有些精明的参与人，比如 A，意识到她可以通过联合另一个参与人（即 B）而做得更好，并可与 B 分享额外的好处。于是盈利组合将是（$5\frac{1}{2}$，$5\frac{1}{2}$，1）。这是一个合情合理的转变，因为 A 和 B 都会得到比先前的（4，4，4）更高的盈利。当然，C 很不开心，但他对此却并无太多良策——至少无法直接改变结果。不过，C 可以反击还价，他可以悄悄约出 B 并答应给他 6 美元，自己留下 5 美元，而留给 A 的只有 1 美元——盈利组合为（1，6，5）。倘若 B 接受 C 的还价，则接下来就该是 A 为其有利位置而斗争了。

当然，这种盈利组合之间的跳跃可以无休无止，每个盈利组合都不稳定。无论考察哪组盈利，总会有两个参与人他们有势力和动机转向另一个参与人，以得到更高的盈利。对每组盈利，总会有两个参与人得到的总额少于 8 美元，从而这两个参与人可以联合起来，将其联合盈利增加到 11 美元。所以，很显然，上述方法行不通。

## 分配和个人理性

当人们首次接触 $n$ 人博弈时，他们总是试图找出每个参与人的最优策略（或最优的等价策略集合），以及他们预期聪明的参与人将获得的唯一盈利集。简言之，这是与二人零和博弈非常类似的一个理论。但人们很快会发现，这野心有点过头了，即使是最简单的博弈，都可复杂到无法得到单一盈利组合的地步。就算人们建立了一个可预测此类盈利组合的理论，它也不会合乎情理，或者不能反映现实，因为无论何时，现实进行的博弈都常常存在多种不同的结果。有太多太多的变量——参与人讨价还价的能力、社会规范等——皆需要正式理论去处理。

不过，有一件事是可以做的，那就是剔除那些显然不可能实现的盈利组合，从而减少可能盈利组合的数量。这正是 N-M 理论率先做的事，它假定，最终的盈利组合是帕累托最优的（一个分配，或盈利组合，将是帕累托最优的，若没有其他盈利组合能使所有参与人的境况同时变得更好），这

看上去是非常合理的。若全部三个参与人在（4，4，4）分配下处境皆可以更好，他们何必要接受（1，1，1）分配呢？N-M 理论还假定，最终的分配将是个人理性的，即，在最终的分配中，每个参与人得到的盈利，至少要与他或她单独博弈时所得的盈利一样多。在我们的例子中，这意味着每个参与人的获益至少为 1。

## 联盟理性和核

在决定一个博弈的哪种分配合乎情理时，人们还会力求分配是联盟理性的。对于每一联盟，若其成员得到的总盈利至少与他们的价值一样大，则分配就是联盟理性的。任何一个联盟，凭什么要接受比其成员单独博弈所得的还要少的盈利呢？

麻烦在于，联盟理性的分配有可能不存在。若（$a$，$b$，$c$）是联盟理性的，则有 $a+b\geqslant 11$、$a+c\geqslant 11$、$b+c\geqslant 11$，将不等式的两边相加，并同时除以 2，我们得到 $a+b+c\geqslant 16.5$，但这是不可能的，因为这个三人联盟的总价值仅为 12。

将联盟理性分配（如果存在）放在一起，就构成了核（core）。若一个博弈不存在核，它就是不稳定的，因为无论盈利组合如何，将有某个联盟有势力和动机打破分配现状，独自行动。若将前面讨论过的博弈稍作改变，使得三人联盟的值变为20而不是12，且每个单独参与人都至少得到1，每个二人组合至少得到总额11，则这个分配将在核中（当然，全部三个参与人的总盈利为20）。

## 占　优

让我们回到最初的讨价还价情形中，但现在我们假定，只考虑满足个人理性的帕累托最优分配提议。若提议已定——即联盟伴随着一个与之关联的盈利——那么在什么条件下，备选提议将会取代原始提议而被接受？

这首先要求，存在这样一群参与人，他们有足够强大的力量去实施备选提议——倘若无人有能力做到这一点，那么达成一个为众人利益承担风险的协议将是毫无意义的。此外，能够实施新提议的参与人必须受到恰当的激励。这意味着，所有参与人将比他们坚持旧提议时得到更多。若上述两个条件都得到满足，且存在一个参与人联盟既有能力又有意愿采纳新提议，我们就说新提议占优于旧提议，并把这个实施中的联盟称为有效集。

为了理解前面例子中的占优如何发挥作用，不妨假设初始联盟由全部3个参与人组成，盈利组合为（5，4，3）。但B和C更偏好另一种盈利组合（3，5，4），因为他们可因此多得1美元。由于B和C联合行动可得的盈利多达11美元，他们可以强行得到这个新的盈利（当然，他们也可限制A

的盈利为 1，但没必要那样做）。因此，（3，5，4）占优于（5，4，3），而 B 和 C 就是有效集。另一方面，若（1，8，3）是（5，4，3）的备选盈利组合，它不可能被接受。虽然三个参与人中任意两人都有势力强行得到这个盈利组合，但没有哪两个人愿意这么做。因为 A 和 C 都更偏好初始盈利，就算 B 想改变，但仅凭一己之力他还办不到。与初始盈利相比，A 和 B 都更偏好备选盈利组合（6，6，0）。为了得到 12 美元的盈利，3 个参与人必须全体达成一致，可是 C 不愿意这么做。C 独自行动可以得到盈利 1，不太可能满足于更少的盈利。

基于等边三角形的一个有趣的几何事实，我们可用一种便捷的方法来阐释分配。等边三角形内的任意一点到三条边的距离之和为定值。在我们的例子中，若每个人得到至少 1 美元，且总盈利为 12，则这个盈利组合就是一个分配。于是，所有可能的分配可由等边三角形内部的点来表示，这些点距离每条边的距离至少为 1。在图 6—6 中，分配可由阴影区域中的点代表，而点 $P$ 则代表了分配（2，2，8）。

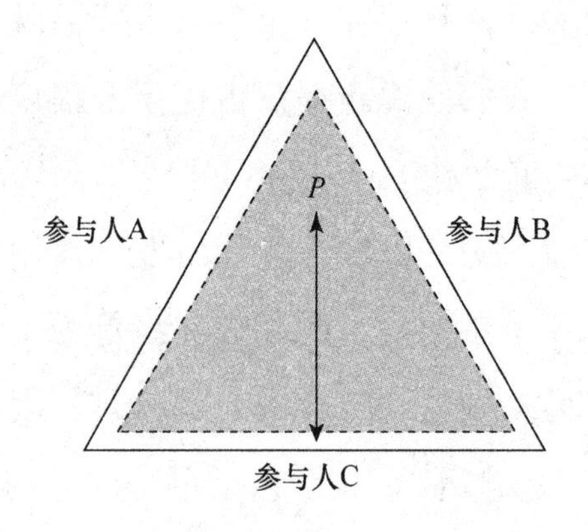


**图 6—6**

在图6—7中，点$Q$代表盈利组合（3，4，5）。水平线阴影区域是以有效集BC占优于$Q$的所有分配。（若分配距离标有“参与人A”的边越远，则A在分配中的盈利越大。）B和C在水平线阴影区域的任何分配中所得到的，都比在$Q$点所得的要多一些。垂直线阴影区域和斜线阴影区域分别代表了有效集AC和AB占优于$Q$的分配。空白区域包含的是劣于$Q$点的分配，而边界线则代表既不占优于$Q$点，也不劣于$Q$点的分配。

图6—7

## 冯·诺依曼-摩根斯特恩解概念

若你想挑选一个单独的分配作为博弈的预测结果，最有吸引力的选择似乎是不会被其他任何分配占优的分配。但这存在一个问题：不被占优的分配可能不止一个，而可能有许多个。更糟的是，正如我们已看到的，可能根本不存在不被

占优的分配，上述例子就是这样，每个分配都可以被其他许多分配占优。事实上，占优关系是数学家用来称呼非传递性（intransitive）的。分配P可能占优于分配Q，Q占优于分配R，而R又可能占优于分配P（当然，有效集必须每次都不同）。这就是为什么谈判总是反复进行，却找不到解决之道的原因。

从一开始，N-M理论就没指望为$n$人博弈找到单一盈利组合解。在某些特殊的博弈中，存在这样的解可能是合理的，但“考虑它的结构……将极为简单：存在一个绝对的均衡状态，其中每个参与人的分配数量皆得到精确划定。但我们会发现，具有所有这些必要性质的解，一般来说是不存在的。”（第34页）

排除为所有的$n$人博弈找出单一满意结果的可能性之后，N-M理论断言，只有合理的结果才是分配，并进而定义了他们的解概念：“这并不等于建立起一个严格的分派机制，即分配，而是设置一系列不同的选择，这些选择可能都表达了某些一般原理，但在很多具体方面却又有所不同。这个分配机制刻画了‘已建立的社会秩序’或‘可接受的行为标准’。”（第41页）

因此，一个解是由多个而非一个分配组成的，这些分配有某种内在一致性。特别地，解S是具有如下两个基本性质的某个分配集：（1）在解中，没有哪个分配会劣于其他任何分配；（2）解之外的每个分配都劣于解中的一个分配。

解的这一定义“表达了这样一个事实，即行为的标准不会发生内在矛盾：若S符合‘可接受的行为标准’，则来自S（解）中的分配y，不可能被同类的其他分配x推翻（也即被x占优）。”另一方面，

> “行为标准”可用于质疑任何不一致的程序：每个不属于S的分配y，都将被一个属于S的分配x推翻，即被占优……因此我们的解对应于具有内部稳定性的“行为标准”：一旦它们被普遍接受，就会否定任何其他情况，而它们中的任何一部分却并不能在“可接受的行为标准”的范围内被否定。（第41页）

一般而言，任何特殊的*n*人博弈都可以有许多不同的解，而N-M理论并不企求从中选出“最好”的那个。他们认为，多解的存在远未背离理论，而恰恰是从事实上暗示：理论具有灵活性，这种灵活性对于处理现实生活所遭遇的广泛多样的问题来说是必要的。

另一个相关的问题——解总是存在的吗？——更为严峻。对N-M理论来说，这个问题至关重要：

> 关于解的存在性，当然没有妥协的余地。在任何具体情形中，若我们关于解S的条件要求无法得到满足，则意味着有必要对理论做出重大修正。因此，对于所有的特殊情况，解S存在性的一般证明是必不可少的。我们后面的研究表明，这一证明尚未完成。不过，到目前为止，在我们考虑的例子中，都已找到解。（第42页）

由于这段文字，许多人曾试图证明所有的 $n$ 人博弈都存在着解，但都铩羽而归。直至 1967 年，威廉·F. 卢卡斯（William F. Lucas）构造了一个无解的 10 人博弈，长达 20 年的争议才尘埃落定。

N-M 解概念很容易通过举例方式来解释。在一个三人博弈中，假设参与人 A、B 和 C 中任何两人联盟或三人联盟都能得到 2 单位盈利，而参与人独自博弈则什么都得不到。这个博弈有很多解——事实上，解的数量无限——但我们只考察其中的两个。

第一个解由（1，1，0）、（1，0，1）和（0，1，1）3 个分配组成，如图 6—8 所示。为了证明这 3 个分配共同构成一个真正的解，必须验证两件事："解"内的分配彼此不会占优，且"解"外的每个分配必须被占优于"解"内的一个分配。前半部分很容易证明，从"解"内一个分配转到另一个分配的过程中，总有一个参与人获得 1，一个参与人失去 1，同时还有一个参与人保持不变。由于单独一个参与人并不有效，故彼此没有占优的情况（为了进入有效集，参与人必须从转变中获益，仅仅不吃亏是不够的）。

在"解"以外的任何分配中，也会有两个参与人所得少于 1。这源于如下事实：没有哪个参与人会得到负盈利，而盈利总和为 2。可以推证，这个盈利将被占优于解中的盈利。在解中，两个参与人都得到 1，这两个初始盈利少于 1 的分配参与人当然可称为有效集。这证明上述"解"确实是一个解。

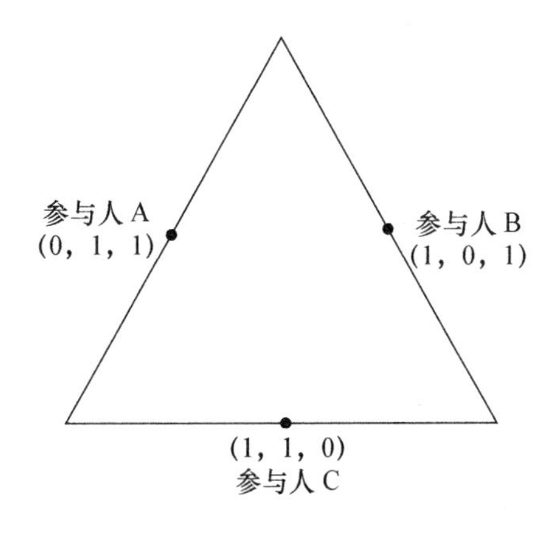


**图6—8**

另一个解由某个参与人（比如A）获得1/2的所有分配组成，我将其证明留给读者。图6—9展示了这个解的情况。

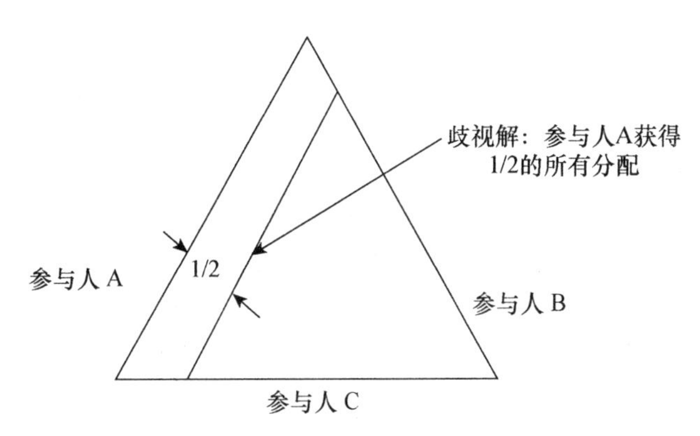


**图6—9**

第一个解可按下述方式来理解。在每种情况下，两个参与人都会联合起来，均分得到的盈利2，而第三个参与人将一无所有（不过，这并未明说哪两个人会联合起来）。当然，这些盈利组合是帕累托最优的（它们也是最有效率的，因为每个参与人都得到1，而三人联盟时每个人只能得到2/3），它们也是可以实施的。这就是所谓的对称解，因为所有参与人的角色都相同。

在第二个解（即歧视解）中，两个参与人联合起来，给另一个参与人少于他或她应得 2/3 的“公平份额”，然后把剩下的都留给他们自己。

哪些参与人会联合，给第三个人多少，这些将取决于诸如传统、爱心、对反抗的担忧之类的因素。一旦确定了给“外人”的数额，博弈就退化为二人讨价还价博弈，其结果将取决于参与人的个性，因而并非确定性的。所以，这两个参与人之间所有可能的分配都将囊括在解中。

## 关于 N-M 理论的最后几点评论

为了建立现实博弈的理论模型，一般需要简化假设，N-M 理论也不例外。首先，N-M 理论假设参与人可以自由沟通；也就是说，只要他们愿意，他们就可一起沟通或共进退。最理想的是所有参与人可同时进行沟通，当然，事实上这办不到，现实对理想状态的偏离是非常重要的。实验表明，参与人的物理安排（physical arrangement）会影响讨价还价，且富有攻击性以及迅速作出反应的参与人比行事保守的参与人会做得更好。

其次，N-M 理论假设效用在参与人之间可自由转移。例如，若盈利用美元计价，A 向 B 支付 1 美元，则 B 的得益恰好是 A 的损失。* 这是该理论的一个严格限制，同时也可能是它最薄弱的环节。实际上，该假设并非看上去那么严格：它并未要求 A 失去 1 美元的痛苦和 B 得到它的快乐相等。此外，给每个参与人指派效用的方法很多。不过，若博弈中有 *n* 个人，不太可能找到恰当的效用函数能满足上述限制。

## 奥曼-马斯库勒的 *n* 人博弈理论

奥曼-马斯库勒的 *n* 人博弈理论（我用 A-M 表示）也使用特征函数形式来描述，这和 N-M 理论类似，但在几乎所有其他的方面，两者又非常不同。假设三人博弈的参与人 A、B 和 C，在博弈中，二人联盟 AB、AC 和 BC 的价值分别为 60、80 和 100，而三人联盟的价值为 105，单人联盟的价值为 0。该博弈如图 6—10 所示。

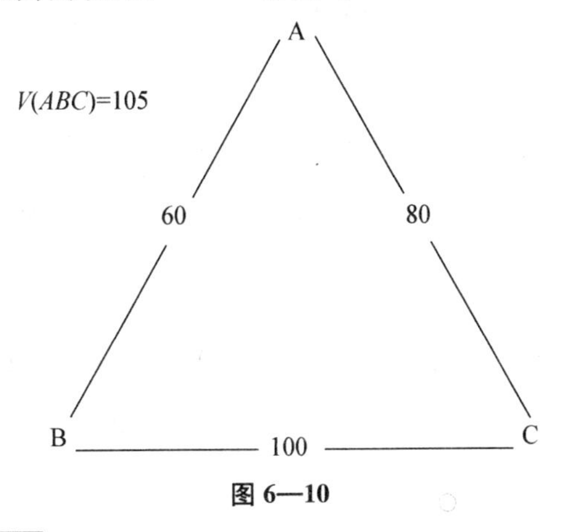


**图 6—10**

* 原书为 A 的得益恰好为 B 的损失，疑有误。——译者注

A-M 理论并不预测会形成哪个联盟，其目的旨在确定，联盟形成之后盈利组合将如何。该理论只考虑参与人的实力，而不考虑博弈行为的公平和公正。在精确解释其含义之前，我们假设参与人 A 和 B 意欲结盟，正在商讨如何分配他们的盈利 60。他们展开的对话有可能如下：

参与人 B（对参与人 A）：我要的盈利是 45，所以我给你 15。在博弈中，我所处的位置比你更强势，我认为盈利分配应该反映这一点。

参与人 A：我拒绝。我可以联合参与人 C，并和她平分盈利，从而得到确定的盈利 40。而她也会接受，因为现在她一无所获。不过我并不贪心，所以我愿意与你平分。

参与人 B：你讲得太没道理。无论我给你多少，哪怕全部 60 都给你，你还是可以威胁说要和 C 联盟且会得到更多。可惜，你的威胁乃是基于一个错觉。C 现在处于一无所获的困境，所以她对任何提议都会接受。但您记好了，我也可以背弃你转而与 C 结盟。一旦我们之间打算的结盟分崩离析，你还是得不到 C，因为你将不得不与我竞争，而我却占尽优势。若我和 C 联合，我们的联盟价值将为 100，而你们的联盟价值才 80。如果你反对 45-15 分配提议的理由是合理的，而且我们都接受了这个理由，那么我们之间就不可能达成一致。若我们之间为了与 C 结盟而相互争斗，则我们每个人都有被淘汰出局的危险。所以我认为，若你接受我的合理建议，我们彼此的处境都会更好。

现在，且让我们离开谈判桌，仔细考察一下参与人的论点。B 最初的提议看起来是不公平的，因为它规定 A 得到的份额远远少于 B 得到的，从这个角度看，该提议应当被排除。但在 A-M 理论中，并不考虑公平因素。若 B 最初的提议作为可能结果被剔除，那一定是基于其他理由。（如果一个盈利组合未被剔除，并不意味着它是料定的结果。A-M 和 N-M 一样，承认存在诸多可能的盈利组合。）

A 的反对是更值得注意的，他可以转向 C，给 C 更多好处，超过 C 从 B 处获得的好处（C 从 B 处所获为 0），同时留给自己的也比 B 给他的要多。实际上 A 是说，若他有能力和 C 结成一个新的联盟，在这个联盟中他们均可获得比 B 给他们的更多，那么，B 的提议中必定存在某些错误。具体而言，A 觉得他得到的还不够多。

B 在对 A 的回应中指出，A 的争论存在缺陷，它走过了头。如果允许用 A 的论点去推翻 B 的提议，那么基于同样的理由将会推翻其他所有的提议。即便 B 把整个盈利 60 全都给 A，他仍可能面临类似的反对，因为 A 还可以向 C 提供 10 而自己获得 70。同样的道理，B 也可以如法炮制。于是，若某个联盟将要形成，它就必定面临上述反对意见。

假定 A 的反对是没有道理的，并且在与 C 结盟方面 B 更具竞争优势，但是，凭什么 B 就该得到 45 呢？为什么不是 50 或者 40？A-M 理论的看法是，B 不该得到 45，理由如下：

假设A坚持要求得到多于15，而B拒绝给予，则A和B就不得不争取C作为其合作伙伴。B要求从C处得到的也应该是45，因为他仅仅只是想得到45而不在乎从谁那里得到。但是，若B从BC联盟中获得45，则留给C的就是55。而A却可以支付60给C，同时留下20给自己，这比他从B处获得的还要多5。当然，B可一直降低其要求，不过既然如此，他又何必在一开始要对A狮子大开口呢？至此，“合适”的盈利组合呼之欲出，当联盟AB形成时，A应得20，B应得40。

对于此类争论，还有其他阐释，即考察一个三人联盟形成时将会发生什么。A-M理论坚称，A、B和C应得的盈利分别为15、35和55。要想知道原因，不妨假设我们在开始时有盈利组合：20、35和50，然后来看看这将导致何种差错。

由于C是三人当中看来已被忽略的一位，所以她应该是一个反对者，而且她确实这样做了。她将45付给B，把剩余的55留给自己，而A则一无所获。A可与C匹敌的唯一方法是：他也支付45给B，但这样的话他就不得不把最初的要求20减少到15。A-M理论对此的解释意味着，A在起初的要求太高了。当然，A-M理论提议的盈利组合（15，35，55）也会遭到类似的反对。比如，A可以支付37给B并为自己留下23。不过，此时C可以在不提升自己最初要求55的情况下，通过支付45给B而击败A的反对。

上述讨论大致指明了A-M理论所依赖的考量。接下来，我们将以更准确的方式，使刚才涉及的问题再次得到正规的分析。

$n$人博弈的A-M理论面世时，人们指望它能确定哪个联盟将会形成，以及哪个盈利组合是合适的。由于技术上的原因，第一个问题被搁置了，A-M理论把注意力集中在第二个问题：给定某个特定的联盟结构，合适的盈利组合是什么？可以预期，一旦每个潜在联盟的形成与一个盈利组合相联系，则预测哪一个联盟将会形成就是有可能的。然而，到目前为止，这一路径的研究尚一无斩获。事实上，人们通常无法预测到究竟哪一个联盟会形成，即使当人们知道（或者认为他们知道）各个联盟将会如何分配其收益的时候。为了搞清楚原因，让我们重返前文提及的二人联盟例子，其中各联盟的价值分别为60、80以及100。根据A-M理论，在这个博弈当中，参与人所得盈利与其加入的联盟无关。唯一关键的是，参与人得加入一个联盟。即是说，若A、B或C加入了某个二人联盟，则A就可得到20，B可得到40，或C可得到60（若他们形成了一个三人联盟，则每个人所得盈利将减少5）。结果，每个参与人与谁结盟都是没有差异的，只要能与某个人结到盟就行，所以仅仅依靠正规的理论很难说，哪个二人联盟会比其他的二人联盟更有可能出现。

## 正式结构

A-M理论从假定存在联盟结构展开，联盟结构中每位参与人都确切归属到某个联盟，当然，有可能是由某个参与人自己组成的单人联盟（A-M 并未涉及如下问题：该联盟是否值得形成或有可能形成）。他们（不失一般地）假定，所有单人联盟的价值都为 0。然后，给每个参与人指派一个倾向性盈利，该盈利受到一定的约束：在任何一个联盟中，盈利总和必须与联盟的价值相等，联盟没有势力去获得更多，但它却能确保其盈利不会减少。此外，没有哪个参与人得到负的盈利，因为若他或她得到负盈利，则这个被剥夺的参与人将宁愿选择单打独斗。

有了这些题外的准备之后，让我们回到基本问题：盈利组合何时适合于给定的联盟结构？为了回答这个问题，A-M 理论先要探询一个次要问题：在联盟中，是否存在能够“合理”反对其他人的参与人？

## 反 对

参与人 I 对参与人 J 的反对（objection），简单而言就是一个建立新联盟 S 的提议。在初始结构中，两个参与人必须在同一联盟中，否则，参与人 I 将不会对 J 提出要求。若反对是合理的，则参与人 I 必须在联盟 S 中，而 J 则必不在联盟 S 中；联盟 S 中的每一个参与人之所得都必须比他/她的初始所得要多；并且，联盟 S 中所有参与人的盈利之和必须等于 $V(S)$。上述所有条件的理由很清楚：若 I 的反对要向 J

证明，没有J时I可以做得更好，则I就不可能请求J的合作来形成一个新的联盟。此外，联盟S中的参与人必须得到更高的盈利，否则他们就没有动机加盟。最后，$V(S)$ 是联盟S所能确保得到的全部好处，S中的参与人没有理由接受更低的盈利。实际上，I对J的反对与前例中A对B的反对如出一辙："我可以通过加入联盟S而变得更好，其他有望加入联盟S中的参与人也可以变得更好，所以我可轻而易举说服他们与我合作。若我在当前联盟中不能分到更大的份额，我将另谋出路。"

给定盈利组合，若没有参与人对其他参与人提出反对，则A-M理论认为该盈利组合对联盟结构来说就是可接受的。不过，相反的情况呢？若一个参与人对其他某个参与人提出反对，此时是否应剔除这个盈利组合呢？A-M理论认为没有必要，否则在某些博弈中，每个联盟结构中的每个盈利组合都将会被剔除（除非仅形成单人联盟，使得反对不可能出现）。实际上，最初的那个例子正是此类博弈。所以，在某些条件下，存在一些可接受的盈利组合，A-M理论将允许该初始盈利组合得以坚持，条件是J可以坦诚地驳斥："我也可以背弃我们的联盟，转而与其他人合作，而我的处境将会变得更好。"

乍一看，J的回应似乎并未真正回答I的反对。毕竟，若他们两个都能够做得更好，也许他们早就该付诸行动了。J的回答看起来是确认了I的提议：应该打破初始的联盟结

构。然而，这里还有两大困难要克服。首先，I 和 J 彼此威胁对方而声称要拉拢的“其他人”有可能恰是同一个（些）人（如前述例子中的 C）。此时 I 和 J 不可能同时变得更好。其次，当初始联盟瓦解后，I 和 J 将被迫依赖其他参与人，他们的处境并不必定会得到改善。A-M 理论假定，联盟中的成员都偏好能够掌握自己的命运，仅当其中一些参与人坚持要求得到与其势力不相称的盈利组合时，他们才会另觅其他合作伙伴。若某个参与人可以背弃联盟而变得更好，但其盟友却做不到这一点，则 A-M 理论就认为后者索取得太多了。但是，若两个参与人均可背弃联盟而处境变得更好，他俩就该心平气和地坐下来，而不是争论不休，冒自己被排除在联盟之外的风险。A-M 理论认为，无论何时，只要参与人 I 对 J 有合理的反对，而 J 又对 I 有合理的驳斥，则盈利组合就是可接受的，或者说是稳定的。

## 驳　斥

驳斥（counterobjection）与反对一样，是以相应的盈利组合提议一个联盟 T。它是参与人 J 对另一参与人 I 向他/她提出反对时所采取的回应。联盟 T 须包括参与人 J，但不能包括参与人 I。驳斥的要点是，让反对者相信他/她并非唯一一个能够通过背弃联盟而处境变得更好的参与人；重要的是，J 要使得联盟 T 的形成是合乎情理的。为了诱导联盟 T

中的其他参与人与自己合作，J提供给他们的好处至少要与I提供给他们的一样多（若其他人正好在反对集S中），或者与他们在初始联盟结构中获得的一样多（若其他人不在反对集S中）。不过，这些盈利加起来的总和不能够超过J所能够承担的，即不能超过新联盟的价值$V(T)$。最后，J的所得至少要与自己在初始联盟结构中的所得一样多。

给定联盟结构，其稳定的盈利集合即所谓的A-M讨价还价集，我称之为A-M解。

A-M理论中有几点应该予以强调。首先，稳定的盈利组合并不必定公平。A-M理论不追求公平的结果，而是寻求在某种意义上可以实施的结果。例如，假设二人联盟价值同以前一样为60、80和100，但三人联盟价值为1 000而不是105。再进一步假设，形成了一个盈利组合为（700，200，100）的三人联盟。根据二人联盟的价值，看起来C要比B更强势，B要比A更强势。故这个联盟中“最弱者”得到了最多而“最强者”得到的最少，尽管如此，A-M理论却认为这一盈利组合是稳定的。其理由是，尽管B和C颇有怨言，但却对此毫无办法。当然，他们的确能够解散这个联盟，但如果那样做，他们只会跟着A一同遭殃。的确，A将损失更多，但A-M理论并不承认“损人不利己”的策略。参与人的抱怨若要被认为是合理的，他们就必须能另谋出路而使处境变得更好。因此，A-M理论回避了人际间效用的比较，比如对A损失700与C损失100的效用比较。

## A-M 理论与 N-M 理论的对比

A-M 理论与 N-M 理论两者之间最重要的区别在于它们的解概念。对于 N-M 理论，其基本单位是分配集，孤立地看一个分配，它既非可接受的又非不可接受的；只有把它与其他分配放在一起才能予以判断。但在 A-M 理论中，一个结果成立与否只取决于其自身的性质。

在上一段话的最后一句，我提到的是一个结果而不是一个分配，这正是上述两个理论的另一个区别：A-M 理论并不假设结果是帕累托最优的。表面上看，当其他结果可使处境变得更好的时候，参与人还固执地选择某个结果看似十分荒谬。然而，无论荒谬与否，这确实是经常发生的事。更进一步说，在 A-M 理论中，非帕累托最优结果也是重要的。A-M 理论十分关注，在参与人尽其所能改善其盈利的压力下，哪个联盟和盈利组合能够坚持下去。参与人手中唯一的武器，就是背弃联盟这一威胁行为，若要使之可信，背弃行为必须时有发生。一般来说，新联盟并不是帕累托最优的。工人欲使其威胁受到重视，就必须偶尔罢工，而当他们这样做的时候，结果通常不是帕累托最优的。

A-M 理论的最大优势，也许在于它从不要求人际间的效用比较。盈利可以用现金支付而不会影响理论；它的全部要求仅仅是：个人喜欢钱多甚于钱少。A-M 理论还放弃了超可加性假设，但这并不重要。超可加性仍是一个合理的假设，但已不再是必需的假设。

A-M解像N-M解一样，（在给定的联盟结构中）有时由多个盈利组合构成，而理论并不打算对它们加以区别。在三人联盟可获得1 000的那个例子中，存在大量的联盟稳定盈利组合。威胁行为能发挥的作用非常有限，它仅仅是排除了最极端的盈利组合，整个博弈近乎纯粹的讨价还价博弈。

对于既定的某个博弈，通常会存在大量的结果与A-M理论和N-M理论保持一致。但在某种意义上，出现更多不同的N-M解是很有可能的，这使得N-M理论相对更全面。例如，在三人博弈中，任意多人联盟可获得2而单人联盟将一无所获，此时每个联盟结构都有唯一的稳定盈利组合。该博弈的N-M对称解都由同一个博弈的3个稳定的A-M分配组成，但A-M理论中却不会存在与N-M歧视解相对应的分配。N-M理论中更多不同的解集带来了更大的灵活性，但也使得对理论进行现实检验几乎是不可能的。有时候A-M理论看似颇有局限，但是却更容易得到检验。我们来看看下面的例子：

一个雇主打算雇佣一个或两个潜在雇员，即A和B。雇主与一个雇员一起可赚得联合利润100美元；两雇员一起将一无所获，而此时雇主单干也将一无所获；三人也可全部联合起来，此时利润仍是100美元。

在A-M理论中，基本上会出现两个可能结果：要么雇主（与一个雇员或两个雇员）形成一个联盟并获得 100 美元，要么她不雇佣员工而一无所获。无论哪种结果，工人们都两手空空。若某个工人要求获得 10 美元，同时分给雇主 90 美元，则雇主可以给另一个工人 5 美元来进行还击，从而第一个工人将一筹莫展。因此，凡是工人能够有所得益的盈利组合，都是不稳定的。

A-M 解集在某些情形下是很有说服力的。当工人人数众多而沟通甚难时，他们很可能会以 A-M 理论提及的方式展开竞争。但在其他一些情形，它又似乎不那么管用。不受约束的竞争会伤及所有工人，这是显而易见的；但毫不奇怪，现实生活中工人可以联合起来像一个单独的联盟那样采取行动，尽管这不能让他们立即获得好处，但却可获得谈判势力。实际上，此时的博弈已退化为二人博弈（在钢铁或者汽车这样的大型产业中，公司通常不会用工资水平去争夺优秀员工，而工人也不会以降低薪酬要求的方式去争取一份工作。此时，产业和劳动力一起形成了加尔布雷斯所说的相互抗衡的力量。结果，这实际上变成了二人博弈）。

另一方面，N-M 理论对于此类博弈有很多解。其中一种解由如下所有的分配组成：该分配中每个工人都得到同样的金额。该解可解释如下：两个工人联合行动且愿意将任何所得在二人间均分，然后他们就那 100 美元与雇主进行谈判。结果就形成了一个二人讨价还价博弈，在这个博弈中一切皆有可能发生。有趣的是，A-M 理论指出的唯一的稳定盈利组合，即雇主获得 100 美元而工人一无所获（假设存在某些联盟形式），已囊括进每一个 N-M 解中。

核（core）在 A-M 理论以及 N-M 理论中发挥着特殊的作用。既然核中的分配是不会被占优的，则整个核将存在于每个 N-M 解中，而且核中的每个分配必定在 A-M 意义上是稳定的，因为不可能存在反对。

关于 A-M 理论的最后一条阐释关注于可实施性，而不是结果的平等。阐释如下：

有零售商 A 和 B，各自拥有一个愿意为其某种商品支付 20 美元的顾客；有批发商 C 和 D，各自拥有一笔资源可以 10 美元获得该商品。在 A、B、C、D 组成的四人博弈中，四人联盟的价值为 20 美元；任意的三人联盟的价值为 10 美元；二人联盟 AC、AD、BC、BD 的价值均为 10 美元；除此之外的其他联盟价值均为 0。

现在我们来考察参与人能获得 20 美元的所有联盟结构，20 美元是联盟可获得的最大金额。存在三种可能性：二人联盟（AD 和 BC）或者（AC 和 BD）以及四人联盟。在上述三种可能性中，每种情况下两个批发商都会获得相同盈利，两个零售商也将获得相同盈利；但是，批发商通常会得到不同于零售商的盈利。当你认为批发商与零售商完全是对称的角色时，这一结果看起来就很奇怪。但 A-M 理论的推理如下：若 A 所得少于 B，则 A 可联合盈利最低的批发商，从而两人的境况都会变得更好。若两个零售商和两个批发商

都分别获得相同金额，则无法形成能使所有参与人处境得以改善的新联盟。（为简化起见，我对 A-M 理论原有的设定做了一些改动。比如，我忽略了联盟理性假设，以及反对集和驳斥集规模的约束。这导致了一些变动，这些做法确保了每个联盟结构至少有一个稳定的盈利组合。不过，理论的精神仍然没有改变。）

## 沙普利值

罗伊德·沙普利（Lloyd Shapley，1953）曾采用另一种方法来分析 $n$ 人博弈。他从参与人的角度去考察博弈，力求回答如下问题：给定某个博弈的特征函数，该博弈对于某个特定参与人价值如何？

我们也已知道，仅仅在特征函数基础上，是很难预测任意 $n$ 人博弈的结果的。参与人的个性、境况、社会风俗、通信工具等，皆可影响最终盈利。尽管如此，沙普利仍发现了一种方法，可以只依靠特征函数来算出博弈对每个参与人的价值，我们通常称此为沙普利值（Shapley Value）。这个值是抽象掉所有其他因素之后先验估计出来的。

沙普利的方案是众多方案中唯一能够解决问题的。为什么要采用它而不采用其他方案呢？沙普利对其选择证明如下：他列出了他所认为的任一合理方案应满足的三个要求，接着证明他的方案满足这些要求。的确，他的方案是唯一能合乎全部要求的。这些关键要求如下：

1. 博弈带给参与人的价值仅取决于特征函数。这意味着，价值的指派并不考虑参与人身份或性格。例如，在一个讨价还价博弈中，若两个参与人单打独斗将一无所获，而抱团作战则可共享收益，则他们应获得相同的价值。

2. 每个参与人获得其应得价值的盈利组合，即是一个分配方案。沙普利假定，理性参与人会达成分配方案（他也接受 N-M 理论的超可加性假设和效用可转移假设）。因为根据分配的定义，盈利的总和必定等于 $n$ 人联盟的价值，盈利的总和必定与多人联盟的价值相等，而博弈带给参与人的价值（在某种意义上）就是其平均盈利，这可从参与人价值总和等于 $n$ 人联盟价值总和这一规定中推导出来。

3. 复合博弈（composite game）带给参与人的价值，等于其组件博弈（component game）的价值之和。假设有一群参与人正同时参与两个博弈，以同样的参与人定义一个新的博弈，其联盟价值等于两个原始博弈的价值之和。在此新博弈中，每个参与人都有一个沙普利值，公理 3 断言该值应该等于参与人在先前两个博弈中的沙普利值之和，图 6—11 更清楚地表明了这一点。请注意，博弈 1 是由博弈 2 与博弈 3 复合而成的。例如，联盟 BC 在博弈 2 中的价值为 3，而在博弈 3 中的价值为 4，因此在博弈 1 中其价值必定为 7。公理 3 宣称，此种情况下，博弈 1 给参与人带来的价值，必定等于博

弈 2 与博弈 3 所带来的价值之和。

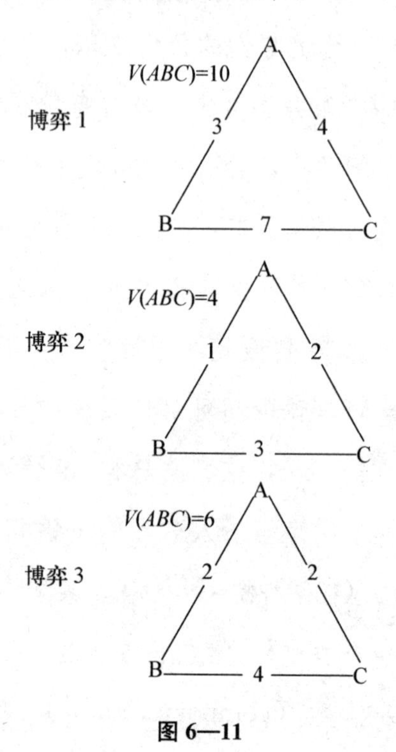


**图 6—11**

关于沙普利值的更详细的讨论，可参阅卢斯和雷法的《博弈与决策》（*Games and Decisions*，1957）。我前面提及的两个博弈，以及每个参与人的沙普利值，如图 6—12 所示。

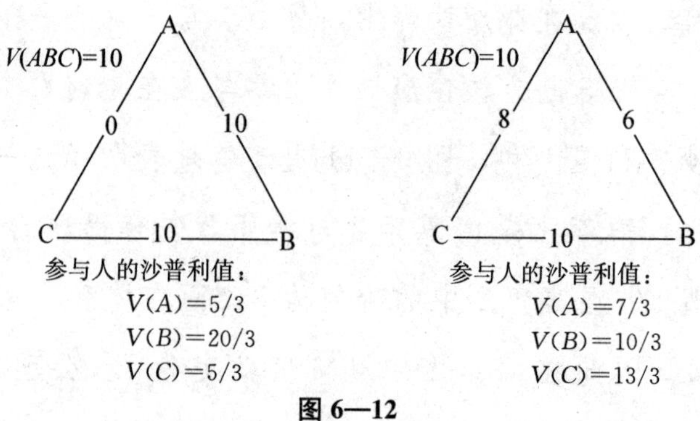


**图 6—12**

由于数学上的玄妙，这是人们为任意 $n$ 人博弈中任意参与人 I 计算沙普利值 $V(I)$ 的一种方法。

对于每个联盟 S，令 $D(S)$ 为联盟 S 与无参与人 I 时的联盟 S 的价值之差（若参与人 I 不在联盟 S 中，则 $D(S)=0$）。对每个联盟 S，计算出 $[(s-1)!(n-s)!/n!]D(S)$，其中，$s$ 为联盟 $S$ 中的参与人数，$n$ 为博弈的参与人数，而 $n!$ 则为 $n(n-1)\cdots(3)(2)(1)$。将所有联盟 S 的这些值加总，便是参与人 I 的沙普利值。

沙普利公式可从讨价还价模型中推导出来。不妨设想，刚开始时某个参与人与另一参与人合作，从而形成一个中介性二人联盟，然后第三个参与人与此二人联合，如此每次加入一个参与人，则最终会形成一个 $n$ 人联盟。假设每次加入联盟的新人均获得边际收益，即获得既存联盟与包含新加入者的联盟之间的价值差额。假若最终形成的 $n$ 人联盟乃照此方式逐步形成，则每个参与人的期望收益正是他/她的沙普利值。

上述讨价还价模型的变体，也可以用一种意想不到的方式来解决完全不同的问题。S. C. 利特柴尔德和吉列尔莫·欧文（S. C. Littlechild and Guillermo Owen，1973）曾提到机场设计者所面临的一个这样的问题。

单条跑道可以为不同飞机所用。跑道的规模以及由此引致的成本，将由使用跑道的最大飞机决定。设计者想找到一种公平的方式，把成本分摊在这个跑道的所有飞机身上，以便反映出对较小飞机的适度要求。他们采取了如下做法：

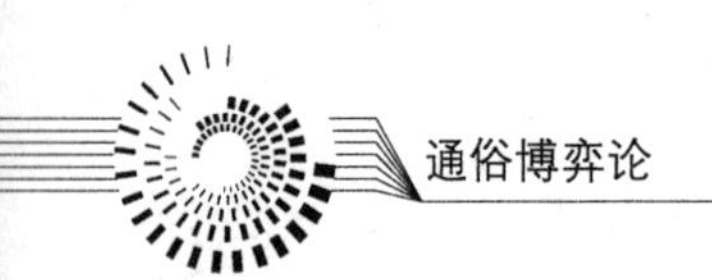


1. 把适合最小飞机的成本平均分摊在所有的飞机上。

2. 把适合次小飞机的跑道与适合最小飞机的跑道之成本差异，平均分摊在除最小飞机之外的所有飞机上（因为最小飞机不需要额外的空间）。

3. 逐步继续这一过程，并把由更大飞机引致的边际成本分配给更大的飞机，直到最大飞机完全承担适合最大飞机的跑道与适合次大飞机的跑道之间的成本差异。

举例来说，若服务于飞机 A、B、C 和 D 的跑道成本分别为 8、11、17 以及 19，则成本的分摊将如图 6—13 所示。

边际成本

| 飞机 | | $\frac{8}{4}=2$ | $\frac{11-8}{3}=1$ | $\frac{17-11}{2}=3$ | 19−17=2 | 总成本 |
|---|---|---|---|---|---|---|
| | A | 2 | | | | 2 |
| | B | 2 | 1 | | | 3 |
| | C | 2 | 1 | 3 | | 6 |
| | D | 2 | 1 | 3 | 2 | $\frac{8}{19}$ |

图 6—13

假若你把飞机设想为参与人，而对于一组飞机的跑道成本是联盟的价值，则每个飞机分摊到的成本就是其沙普利值。为了计算飞机 B 的账单（沙普利值），不妨假定总联盟 ABCD 以所有可能的方式（共计 24 种）形成。在 1/4 的情形中，B 形成第一个联盟付出 11 单位成本；在 1/12 的情形中，AB 联盟会形成，而B将付出 $V(AB)-V(A)=11-8=3$；在其他情形，B不会有任何付出，因为此时B的加入没有任何的边际成本增加。故B的估价就是 $1/4\times11+1/12\times3=3$。

杰弗里·L. 卡伦（Jeffrey L. Callen，1978）曾论及一个非常类似的问题：当几项不断折旧的资产联合生产出收益时，如何摊销这些资产的费用？这里，沙普利值仍然是合理的解。

上述成本分摊方法看上去颇为迎合直觉，并且是在不同背景下被独立地发现的。从大量的会计期刊论文看来，该方法的使用正日益广泛。然而，在某些情形下，直觉证明并不可靠。菲利普·斯特拉芬和J. P. 希尼（Phillip Straffin and J. P. Heaney，1981）讨论了一个类似的问题，其中找到了另一种解。美国田纳西河流域管理局是为了几个目的而组建的，这些目的包括供电、灌溉、防洪、休闲服务等，该工程的总成本也将在这些目的之间分摊。规划者认为，与没有堤坝时所花的钱比较，有堤坝时任意一组服务花同样的钱都可以获得更好的结果；即，他们找出了位于核中的一个分配方案。由于堤坝带来了巨大的经济收益，因此这样的解是存在的，但某些时候核可能为空，这样的解显然就不太可能出现。

## 参与人的事前“价值”

1868年3月，由丹尼尔·德鲁（Daniel Drew）、杰伊·古尔德（Jay Gould）和詹姆斯·菲斯克（James Fisk）组成的伊

利湖铁路公司董事会，向纽约州议会申请自由发行股票的许可，但纽约中央铁路公司的科尼利厄斯·范德比尔特（Cornelius Vanderbilt）极力反对他们，伊利湖铁路董事会很清楚通常的必要手段。据一名会计师奥康纳（O'Conner，1962），同时此人也是纽约州议会的议员，说："议员们的票大多是在州府走廊上通过公开竞价出售的。"唯有多少票被预留用于索贿才是真正的问题。假定有固定数量的议员从来不会在投票当中弃权，且发行股票的许可证对于伊利湖董事会具有一定的货币价值。那么，伊利湖董事会应该花多少钱去贿赂一位议员？若是两位议员呢？乃至 $n$ 位议员呢？若这份议案将由另一个立法机构和执行委员会来核准，这将对答案产生什么影响？

罗伊德·沙普利和马丁·舒比克（Lloyd S. Shapley and Martin Shubik，1954）发现了一个基于沙普利值的答案。你可以把立法机构、执行委员会、个体议员等视为一个 $n$ 人博弈中的参与人；有足够票数能确保议案通过的任何一个联盟称为胜方，其他任何联盟则称为败方。沙普利和舒比克得出结论，联盟的势力并不与其规模呈简单的比例关系；例如，一个拥有40%优先股股份的股东，若其他60%的股票被600名股东平均持有，则这个大股东实际上拥有大约2/3的势力。在多数票决的规则下，若某人控制着51%的票数，则其他49%的票就毫无价值。因此，不能肤浅地认为势力与选票数量呈比例关系。

沙普利和舒比克评估方案的基本原理，可由如下两个例子进行绝佳的说明。

委员会A是由20人组成，其中有19名委员和1名主席。委员会B是由21人组成，其中有20名委员和1名主席。（为简化起见）我们假定两个例子中委员会成员都从不弃权，且结果由简单多数规则决定。若在某个问题上委员会出现分划僵持，则主席将投出打破均势的一票。请问在这两个委员会中，主席有多大的势力呢？

在委员会A中，答案非常简单：主席根本没有势力。主席仅在委员投票出现均势时才会投票，而19名成员的投票是不可能出现均势的（已假设不存在弃权票）。在委员会B中，情况略微复杂，主席亦偶有投票，但不如普通委员那般频繁。是否可以推断，这个明显拥有势力的主席，其势力还不如普通的委员呢？沙普利和舒比克认为：否！欲知为何如此，不妨设想委员会面临着一个主席偏爱的提案，而偏爱这一提案的委员数量将有三种可能情形：（1）少于10，（2）等于10，（3）多于10。在情形（1），主席不能投票且提案被否决；就算主席可以投票，他的票也是无效的。在情形（3），主席不能投票并且无论如何提案都将获得通过；就算若主席可以投票，他的票也是多余的。唯独在情形（2），主席可以投票，这也是唯一的关键情形，同时，它也是需要我们关注的情况。因此，沙普利和舒比克得出结论：主席和委员具有同样的势力。

运用类似但更为一般的推论，沙普利和舒比克证明了如何推导势力指数。他们把联盟（或者参与人）的势力定义

为，联盟在所有可能的投票序列中投决定票的次数比例。所谓决定票，即率先确保方案被通过的那一票。因此，联盟的势力总是介于 0～1 之间。势力为 0 意味着，该联盟对方案能否通过毫无影响；势力为 1 则意味着，该联盟能够通过其投票决定投票结果。另外，所有参与人的势力之和总是为 1。若博弈中有 $n$ 个参与人，且所有人均具有相同的影响力，则如大家所料，每个参与人的势力将为 $1/n$。下面，我们用简单的数字例子来说明如何计算上述指数。

假设某机构由人员 A、B、C 和 D 组成，他们拥有的票数分别为 3、2、1 和 1，且决策遵循多数票决原则。如此，委员们的投票将存在 24 种可能的序列，如图 6—14 所示。对于每一个投票序列，关键投票者——即率先将票数累积到 4 或更多而形成多数的那位委员——已经以下划线标记。

| | | | | | |
|---|---|---|---|---|---|
| ABCD | ABDC | ACBD | ACDB | ADBC | ADCB |
| BACD | BADC | BCAD | BCDA | BDAC | BDCA |
| CABD | CADB | CBAD | CBDA | CDAB | CDBA |
| DABC | DACB | DBAC | DBCA | DCAB | DCBA |

**图 6—14**

通过计算，大家可以发现，A 在 24 个序列中有 12 次处于关键位置，而其他委员均只有 4 次处于关键位置；故 A 拥有的势力指数为 1/2，而其他三位拥有的势力指数为 1/6。有趣的是，尽管 B 掌握的票数是 C 和 D 的两倍，但 B 却并没有更大的势力。若大家考虑到，只要其他参与人不联合起来对付 A，则 A 的投票将决定整个结果，由此也可清晰地看出，尽管 B、C 和 D 有不同的票数权重，但他们在投票中发挥的作用却是一样的，这都在势力指数中得到了反映。

## 沙普利-舒比克势力指数的应用

作为势力之抽象测度的沙普利-舒比克指数（Shapley-Shubik Index），貌似远离了活生生的决策主体。但它所产生的数值，对分析真实世界中的势力关系常颇有启示。不妨考虑如下几个例子：

假设某投票团体有 $2n+1$ 票，团体的决策遵循多数票决原则，其中一个强势成员拥有 $k$ 票，而剩下的（$2n-k+1$）个成员均只有1票。结果，强势成员的势力为 $k/(2n+2-k)$。随着 $k$ 的增加，强势成员拥有的势力将非比例地增长，直到 $k$ 达到总票数的一半，而此时强势成员实际上获得了完全的势力。另一方面，若存在两个各有 $n$ 票的强势成员，以及1个仅有1票的劣势成员，则每一方都只有同等的势力，劣势成员的实际影响力比其掌握的票数规模所表明的权力要大得多。

上述简单观察的意蕴，可在将代表分成两拨的政治惯例中见到。政治声援团因不同候选人而形成，它们就像一个拥有众多选票的个人那样采取行动。若最终的胜利者乘破竹之势走向胜利，则不惮风险的早期支持者将获得大量回报。但是，倘若代表们过早地承诺其投票，则他们有可能跟错了人，又或者错失成为两大阵营必须争夺的单独投票方的机会。在某些情形下，候选人中的领先者将被认为是最有可能的赢家，于是跟风效应开始了：一波一波的中立选民加入某个阵营，同时有大量选民叛离另一阵营。

赖克和布拉姆斯（Riker and Brams）从学理基础上构造了跟风效应得以形成的理论。斯特拉芬完美地融合了理论与实践，把这个理论应用于 1976 年共和党的预选上。在选举的不同阶段，都有传闻跟风效应正在形成，但数学模型显示并非如此。当数学模型最终显示存在对杰拉尔德·福特（Gerald Ford）的跟风效应时，所发生的事件似乎佐证了这一结论。毫不奇怪，罗纳德·里根（Ronald Reagan）倾心于自由派竞选人，而里根的竞选经纪人对外宣称的其候选人拥有的支持代表数量比候选人实际拥有的支持代表人数要多得多。这表明，里根已感觉到，过于夸张的估计是对的，因为跟风效应已经形成。

诸多投票团体中都可形成不同阵营，它们并不受制于政治惯例。成员们可退到幕后，通过他们内部投票选定一个立场，然后重返台前采取一致立场投票。他们的行动恰如拥有众多选票的单独个人一样。

抱团投票通常有增进势力之功效，但也并非必定如此。若有 5 个选民，其选票权重为（2，2，1，1，1），每个选票权重为 1 的参与人势力为 2/15，若把所有权重为 1 的参与人联合起来便有势力 2/5。若 3 个权重为 1 的参与人抱成一团，则所有参与人的权重就变为（2，2，3），且每个选民都拥有势力指数 1/3。当这个联盟形成后，初始权重为 1 的参与人的联合势力将从 2/5 降为 1/3。

现在再来看看，若5个选民中有2个联合起来，使得投票结构从（1，1，1，1，1）变为（2，1，1，1）时，会发生什么情况。立竿见影的效果是那两个选民的势力将从原来的2/5增至1/2。但是，这可能会激起另外两个单独的选民联合起来进行报复，从而选民们的有效权重就会变成（2，2，1）。此时，两个集团皆拥有1/3的联合势力，比他们开始时的2/5还要少。

菲利普·斯特拉芬（Phillip Straffin，1977）曾论述过的正是这样一种情况。在威斯康星州罗克县，两个最大城镇简斯维尔和伯洛伊特分别有14个和11个县议员。由于种种原因，这两个城镇有着对立的利益，很多建议认为伯洛伊特的议员若抱团投票则可获得更大好处。然而，来自这两个城镇的议员们仍坚持各投各的票。斯特拉芬认为，尽管抱团投票在短期内可增加势力，但议员们已预料到随后的冤冤相报将会降低两大城镇的势力（正如前面提及的例子那样）。

势力指数——沙普利和舒比克所用方法的一个变体——也是1958年约翰·班茨哈夫（John Banzhaf，1965）反对纽约州拿骚县的加权投票体制得以胜诉的基础。6个自治市在县议会中分别有（9，9，7，3，1，1）个议员，只需简单计算，便可证实三个最小的城镇权力被剥夺了。

沙普利-舒比克指数已经被应用于各种各样的投票机构中，它们反映出的权力分配有时令人颇为吃惊。例如，在联合国安理会中，一个提案要获得通过，必须得到5个常任理事国和10个非常任理事国中的4个同意，五大常任理事国控制着98%的势力。这个指数也可以用于那些统一行动的代议机构上。参众两院可以多数票决原则通过总统批准的议案，也可以2/3多数通过未经总统批准的议案。众议院和参议院作为代议机构，各自有5/12的势力（单个的参议员要比众议员势力更大，因为他们的人数更少），而总统则有剩余的1/6的势力。

## 从个人偏好到社会选择

一群个人有时候会被召集起来，去做出单一的联合决策。家庭、立法机构、股东、国民议事机构、委员会、陪审团以及美国最高法院均属此类情形。群体的决策取决于其成员，但并不一定以相同的方式。每个人可能会被允许投一张选票，又或者选票可能会根据选民财富或其股份进行加权。在某些情形下，可以存在完全的否决权（比如在联合国），或存在部分的否决权（比如美国总统或英国上议院）。

把个人愿望转化为社会决策，看似简单明了，实则颇为棘手。我只讨论最简单的情形，即每个人的观点同等重要。但即便在这种情形下，貌似公平的决策规则也会得到似是而非的结果。

关于投票博弈，大家可以探寻两个不同的问题：（1）群体成员的偏好应该如何转化为单一的群体决策（例如，选市长或镇议会的时候）？（2）倘若已建立起一种投票机制去转化这种偏好，个体成员将如何投票以最佳地实现其目的？

这两个问题是相关的，且两者都已出现一段时间了。推导策略性投票（问题2的答案）的治理规则的一个尝试是在19世纪中期提出的。在当时，英国每个选区在议会中都分配有固定数量的座位，而每个投票者都可以投出固定数量的选票。各政党提交一份有任意数目候选人的名单，政党的追随者可以平等地支持所有候选人，也可有所偏重地支持部分候选人。在写于1853年的一篇论文中，詹姆斯·加思·马歇尔（James Garth Marshall）用本质上是最小最大推理的方法，去推算了一个政党可以派上场的候选人的最佳数量。这个最佳数量总是不少于选民可以投出的选票数目，而且不多于分配给该选区的席位数量。

大约30年后，著名的刘易斯·卡罗尔探讨了问题（1）提到的难题。假设党派会采取最优行动（就像马歇尔指出的那样），卡罗尔推导出了分派给每位选民的适合票数，以及分配给每个选区的适合席位数，以使得政府最具（他在论文中所定义的）代表性。

做出社会选择规则的设计为何会存在某些困难，这个问题难以讲清。既然如此，我们不妨考虑某些“合理”的规则，来看看它们错在什么地方。

不妨假设一个群体由 300 人组成，该群体须从下面三个备选方案中择其一：A、B 或 C。为何不选一个大多数人中意的方案呢？设（$ABC$）＝101，（$BCA$）＝100，（$CAB$）＝99（我用“（$BCA$）＝100”表示有 100 个人最中意 B 而最不中意 A）。在这个例子中，没有哪个备选方案是大多数人都中意的。无论如何，选择大多数人中意的方案，在这里提出了另外一种可能性。既然 101 人中意 A，这正是根据多数规则做出的选择，但这一决定很可能会遭到基于其他理由的质疑。一方面，几乎 2/3 的选民认为 A 是最糟糕的选择；另一方面，在 A 和 B 或 A 和 C 循环赛中，A 将会被近乎 2∶1 的比数击败。

最后的情形绝非仅仅出自偶然的学术兴趣。1970 年的纽约州参议员选举中，共有三名候选人展开角逐，其中两名是自由派理查德·L. 奥廷格和查尔斯·E. 古德尔（Richard L. Ottinger and Charles E. Goodell），另一名是保守派詹姆斯·巴克利（James Buckley）。他们各自所获选票的比例分别为 37%、24%和 39%。由于奥廷格和古德尔立场相近，人们普遍认为他们各自的支持者将会偏好另一个自由派候选人甚于保守派巴克利。但票多者胜使得巴克利赢得了选举，而他对于 61%的选民来说其实是最糟糕的选择。

1969 年纽约市市长选举也发生过同样的状况。只不过那一次保守派和自由派的角色对调了一下：自由派候选人约翰·林赛（John Lindsay）击败了保守派两个候选人约翰·

马奇和马里奥·比亚吉（John Marchi and Mario Biaggi）。

避免上述问题的方法是让选民可多次选举，法国或美国某些州的选举中就采用这一方法。在最初的选举中最糟的备选方案将被淘汰，剩下的两个备选方案将在最终的选举中以多数票决方式选出其中最好的一个。若采用这一方法，古德尔就会在第一轮选举中淘汰出局，而他的支持者应该会转而支持奥廷格，这将有利于选出自由派的候选人。而 1969 年那次选举中，保守派候选人也将由于同样的原因胜出。

不过，现在让我们考虑当（$BAC$）＝101，（$CAB$）＝101 以及（$ABC$）＝98 时会发生什么情况。在第一轮投票中 A 将会被淘汰，而在第二轮 B 将以近乎 2∶1 的票数淘汰 C。这完全无关于在循环赛中 A 将以近乎 2∶1 的票数击败 B 或者 C 的事实。

有另外一种可能性来避免最后这种情况，即同时对两个备选方案投票，让胜出者再与另外一个备选方案竞争，直到剩下唯一的获胜方案为止。现在假设（$ABC$）＝（$BCA$）＝（$CAB$）＝100，并假设 A 和 B 配对展开第一轮角逐。A 将在第一轮投票中胜出，但在第二轮中将败给 C。不过 C 的胜出似乎不能令人心悦诚服，因为它依赖于参赛者的配对顺序（从对称性便可了解这一点）。无论投票顺序如何，未出现在第一轮角逐的备选方案将最终胜出。

关于所有这一切，另外一个有趣的事情是，社会偏好是

非传递的（非传递性是数学家的说法）。若三个方案展开循环赛，则社会将偏好A甚于B，偏好B甚于C，偏好C甚于A。就好像某个人喜欢馅饼甚于蛋羹，喜欢蛋羹甚于雪糕，喜欢雪糕甚于馅饼一样，这样的一个人是很难满足他的。群体决策通常具有非传递的偏好，斟酌群体决策将异常棘手，这一点毫不令人奇怪。

甚至事情还会变得更糟糕！在最后这个（有相同投票顺序的）例子中，具有偏好顺序（ABC）的人很清楚，若他们不做点什么，就只能等着他们最不中意的方案被选出来。要是放弃A而转向B，改变自己的投票，他们就可确保B在第一轮以及第二轮的角逐中胜出。乍看上去，其他投票者也可能掩饰其真实偏好而使结果再次改变，但实际上他们不会这么做；因为那些偏好顺序为（BCA）的选民将会对新的结果感到更加满意，而偏好顺序为（CAB）的投票者面临挫败却对此无能为力。

策略性投票，即以一种并不表达真实偏好的方式投票，在现实的政治中甚为常见。在史蒂文·J. 布拉姆斯的《政治中的悖论》（*Paradoxes in Politics*，1976）一书中，他曾提及几个运用或可以运用策略性投票的选举例子。

一方面，1948年总统大选中，民主党候选人亨利·华莱士（Henry Wallace）在民意调查中得到的票数，比他在选举中实际得到的票数更多。许多政治评论员认为，华莱士的支持者中有不少人转而投向了最后的赢家哈里·杜鲁门（Harry Truman)，为的是避免选出共和党。而1968年大选中，人们普遍认为第三方候选人乔治·华莱士（George Wallace）的支持者转向了支持理查德·尼克松（Richard Nixon），为的是避免选出民主党。另一方面，在1912年，民主党以获得42%的选票在大选中胜出，因为进步党和共和党未能进行策略性投票，尽管他们都最不希望民主党候选人威尔逊（Wilson）上台。这也许是由于双方有着相近的实力，都不愿承认自己支持的是没有希望的事。

1956年，一份学校建设议案提交众议院表决，该议案的一条修正案提出中断对封闭式学校的资助。北方民主党非常希望修正案获得通过，但又偏好初始方案甚于什么议案都不通过。南方民主党非常希望初始方案获得通过，但又偏好什么议案都不通过甚于修正议案被通过。共和党则非常希望两个议案都不被通过，但是却偏好修正案甚于初始方案。众议院分两个阶段来做出决策：首先考虑修正案，然后对修正案和未修正议案进行表决。北方民主党诚实地投票给修正案，而不是策略性地投反对票，结果在最后一轮投票中被共和党和南方民主党占了上风。1955年参议院也曾出现过类似的情形，北方民主党勉强接受了他们的次优偏好——未修正的建设议案，而这个未修正议案在南方民主党的协助下获得通过。

互投赞成票是代议机构中一种常见的做法，也是策略性投票的又一个例子。两个或更多的议员可以携手互相支持彼此中意的法案。这样的协议貌似对每一方都有利，因为吃亏的一方将不会参与。但是，埃里克·M. 乌斯兰和 J. 龙尼·戴维斯（Eric M. Uslaner and J. Ronnie Davis，1975）构造了一个例子，其中每一方结盟都适得其反。有 3 个城镇 A、B 和 C，要对 6 个议案 X、Y、Z、U、V、W 进行投票。每个议案带给每个城镇的损益如图 6—15 所示。

| | | 议案 | | | | | |
|---|---|---|---|---|---|---|---|
| | | X | Y | Z | U | V | M |
| 城镇 | A | 3 | 3 | 2 | –4 | –4 | 2 |
| | B | 2 | –4 | –4 | 2 | 3 | 3 |
| | C | –4 | 2 | 3 | 3 | 2 | –4 |

**图 6—15**

若每一方都诚实地投票，则每个议案都会通过，而每个城镇都将获得 2 单位收益。但若 A 投票反对 Z，以此换取 B 投票反对 U，这将给每一方带来 2 单位收益。针对议案 X 和 Y、V 和 W、B 和 C 以及 A 和 C 可分别达成类似的协议，每个协议给各方带来的收益亦为 2 单位。但是最终，这三个“有利可图”的协议却使得每个城镇比诚实投票时多损失了 2 单位。

上述悖论很容易解开：我们在囚徒困境中所见到的机制正在这里发挥着作用。在囚徒困境中，参与人遵循自己眼前的利益，在自己获利时却给同伙带来了更大的损失，每个人非合作出招的净效应是人人皆受害。在这里，获得利益但却让他们的同伴承受更大的损失，每个人不合作地各自行动所带来的净效果就是每个人都受损。每个合作协议都对内部人产生 4 单位收益却对外部人产生 6 单位损失；当人人都热衷此类协议时，结果可想而知。

## 阿罗定理

我很少举出成功的例子，也几乎不能给出来自现实政治的例子，从这点看来，最后一节所提出的问题解，即把成员的各种可能的偏好模式转换成单一社会偏好集的“有意义的”决策规则，貌似非常难懂。不过，缺少成功的例子并不表明缺少聪明才智，它有可能是问题本身所固有的。

肯尼斯·阿曼（Kenneth Arrow，1951）没想去找到一个合理的决策规则，而是力求构造任何合理决策需要满足的一般原则。

阿罗假定，某投票团体面临着至少3个备选方案，而其成员的偏好具有传递性，即：倘若A比B更好，且B比C更好，则必有A比C更好。他还假定，没有哪个成员可决定社会偏好。对于某些成员的偏好模式，若A是其中意的方案，则A获得额外的支持后仍应是其中意的方案。另外，没有哪个备选方案会被事前排除在外：每个备选方案都存在某些诱导社会去采纳它的偏好模式。而且阿罗还多提出了一个要求：若一个成员偏好模式诱导了某些备选方案子群的社会偏好序，而某些成员改变且只对子群之外的备选方案改变了其偏好，则子群内部备选方案最初的社会偏好模式将不会受到影响。

尽管这些条件的每一条都看似合理，而且大多很有说服力，但阿罗证明，没有哪个决策规则能够完全满足上述条件。因此，若大家采纳阿罗的观点，任何决策规则都必然会做出不合理的决策，至少在某些时候是如此。

## 阿拉巴马悖论

投票问题的“简单”解在国内如何造成了巨大的困惑，对此的最后一个例子便是著名的阿拉巴马悖论（Alabama Paradox）。根据美国宪法，每个州在众议院的代表数目须与人口成正比。将议席按比例分配到各州看似稀松平常之事，但亚历山大·汉密尔顿（Alexander Hamilton）提出的一种分配方法却无异于一枚定时炸弹。史蒂文·J. 布拉姆斯在迈克尔·L. 巴林斯基（Michael L. Balinski）和 H. P. 扬（H. P. Young）1975 年的论文基础上讲述了阿拉巴马悖论，并再次阐释了“常识解”的危害。

基本的问题可谓再简单不过：只要众议院的规模既定，便可轻而易举地计算出每个州理想的议席数目。但是，这个理想数目通常会包含小数，而各州议席数目又要求必须是一个整数。零碎的小数议席必须加以解决——有些州的议席数将轻微地超出比例，而另一些州的议席数数将轻微地低于比例——以便使各州的代表数目为整数。汉密尔顿的算法乍看上去是合理且公平的。

汉密尔顿方法的实施有两大步骤。首先，计算各州在众议院中的精确议席数，并用一个整数加上一个恰当的小数来表示。然后，每个州得到其整数议席数，多出的议席分配给那些小数值最高的州，最后使得议席总数达到预定值：众议院的规模。

假设有5个州，其人口数分别为100、150、200、250和300，而众议院规模为19人（如图6—16所示）。

| 人口数 | 理想议席数 | 最小议席数 | 额外议席数 | 实际的议席总数 |
| --- | --- | --- | --- | --- |
| 100 | 1.9 | 1 | 1 | 2 |
| 150 | 2.85 | 2 | 1 | 3 |
| 200 | 3.8 | 3 | 1 | 4 |
| 250 | 4.75 | 4 | 1 | 5 |
| 300 | 5.7 | 5 | 0 | 5 |
| 1 000 | 19.0 | 15 | 4 | 19 |

**图6—16**

理想的议席数可通过众议院规模乘上该州人口占总人口比例来得到；最少议席数为理想议席数的整数部分。由于最少议席数与众议院19个名额之间存在4个名额的缺口，故4个小数部分最大的州将获得额外1个议席，这样就产生了实际的议席总数。

汉密尔顿方法启用于1850年，弃用于1900年；当初弃用时，还曾引起过相当大的骚动。若大家弄懂了如下简单例子，就会明白为什么要放弃了。

设想三个州A、B和C，分别有人口数380、380和240。现在考虑如下两种情况：代议机构包括（1）14个席位和（2）15个席位（参见图6—17）。

| 州 | 人口数 | 情形1 理想议席数 | 情形1 议席总数 | 情形2 理想议席数 | 情形2 议席总数 |
|---|---|---|---|---|---|
| A | 380 | 5.32 | 5 | 5.7 | 6 |
| B | 380 | 5.32 | 5 | 5.7 | 6 |
| C | 240 | 3.36 | 4 | 3.6 | 3 |
| 总数 | 1 000 | 14.0 | 14 | 15.0 | 15 |

**图 6—17**

尽管众议院规模从 14 名增加到了 15 名，而人口又保持未变，但 C 州却会在众议院中失去一个席位。

1900 年人口普查后，众议院中来自各州的议员总数为 350～400 不等。事实证明，不论众议院规模如何，只要不是 357，则科罗拉多州都拥有 3 个议员名额；若众议院规模恰好为 357 时，则它只能拥有 2 个议员名额。奇怪的是，大多数联盟恰好希望众议院规模为 357。汉密尔顿分配议员名额的方法，被那些处于危险位置的议员指责为"荒唐"和"谬误"，而最终问题通过把议员名额定为 386 而得到解决；这一个规模可以让每个州保持其在上届会议中所享有的议会席位。阿拉巴马悖论的出现，源于问题的"合理解"虽得到采纳但却未经充分分析。事实证明，表面上很"常识化"的答案通常都是"奇怪的想法"和"谬误"，尤其是在政治科学里面。

## 问题的解

1. a. 三个人该不该、会不会联合起来，这并不是太清楚。它取决于参与人的口才、愿望和效用等一系列因素。奥曼-马斯库勒理论指出，若三人联合起来，工程师将获得16/3，律师获得28/3，而财务主管则获得40/3；根据沙普利的观点，三者的数量应分别是22/3、28/3以及34/3。很清楚的是，每一对参与人结盟所获得的与其各自单独行动时所得是不同的（若他们各自单独行动，他们的总盈利至少为30）。无论盈利如何，某些二人联盟都可以做得更好，即核是空的。尽管如此，全部三人也可能为额外的安全起见而联合起来，因为任何二人联盟都会必定使某个参与人出局。

b. 若二人联盟，只要他们每个人都是成员，工程师将获得6，律师将获得10，财务主管将获得14；根据奥曼和马斯库勒的观点，每个参与人无论是否加入联盟都将得到同样的金额。

c. 奥曼-马斯库勒理论预示，三人联盟必然在核中有解，退而联盟的做法不可能做得更好。不过，核中的盈利差别可以很大：（0，16，24）、（16，0，24）和（16，20，4）都可以分别是工程师、律师和财务主管的可能的盈利组合。沙普利盈利值分别为34/3、40/3和46/3。而冯·诺依曼-摩根斯特恩理论则允许存在更多的可能性。

2. 利用前面介绍过的沙普利值方法（并非唯一解而是一个合理解），联盟的价值将是：$V(A)=6\ 000$，$V(AB)=V(B)=8\ 000$，而$V(C)=V(AC)=V(BC)=V(ABC)=$

10 000。A、B 和 C 三人分别支付 2 000 美元、3 000 美元和 5 000 美元。

3. a. 从任何一条理性标准乍看上去，主席必定最有势力，因为在无法形成多数意见时他有重要的优势来打破僵局。倘若你认同这一点，那么请沿着如下推理链条来看看你错在何处：

（Ⅰ）C 会投票给 Y

若 A 和 B 投相同的票，则 C 的投票就无关紧要；但倘若不是，C 的投票就会是决定性的，而 C 当然会选择自己最中意的备选方案。

（Ⅱ）A 会投票给 X

假设 C 投票给自己最中意的方案 Y，则结果将取决于 A 和 B 如何投票，如图 6—18 所示：在这个盈利矩阵中，A 的策略 X 是显然占优于 Y 和 Z 的。

| | | B的投票 | | |
|---|---|---|---|---|
| | | X | Y | Z |
| A的投票 | X | X | Y | Y |
| | Y | Y | Y | Y |
| | Z | Y | Y | Z |

**图 6—18**

（Ⅲ）B 会投票给 X

若 B 认同步骤（Ⅰ）和（Ⅱ），他/她将会投票给 X，因为 B 偏好 X 甚于 Y。于是，最终结果必定是主席最不中意的备选方案 X 获得通过。（这个例子的提出归功于史蒂文 · J. 布拉姆斯。）

b. 利用沙普利值作为衡量标准，小行政区长官的势力将从3/56实质性地提升到3/35；而大行政区长官的势力将从1/8降到3/35；其他三个委员的势力略有削弱，从11/56下降到4/21。

c. (i) 若用沙普利值来衡量，我们会发现，选民常常会从抱团投票中获益。一方面，若有5个选民，每人只有单独一票，而决策遵循多数原则，两个人联手可使其势力从各自为政时的2/5增加到1/2。但另一方面，在两个成员各有2票，其余三人各有1票的机构中，三个各只有1票的成员联合起来，便可将拥有2票的成员之势力从2/5削弱到1/3。

(ii) 在一个投票机构中，当一个新成员加入的时候，老成员从中获得势力的可能性是存在的。设3个选民分别有13、7和7张票，他们每个人拥有的势力为1/3。若新加入一名有3张票的成员，则拥有13张票的那个成员将获得一半的势力。在每一种情形中，每个成员都需要超过一名成员来形成大多数。这在第二种情形中是明显容易做到的，因为有更多可能的成员能联合13票那个成员。若最初只有一个拥有5张票的成员和四个拥有单张票的成员，新加入一个有2张票的成员，将会给最弱的选民带来他们先前不曾具有的势力。

d. 普遍认同的看法是，大州会比小州更有势力。可以接受的是大的州比小的州拥有更多的势力。即使允许额外的

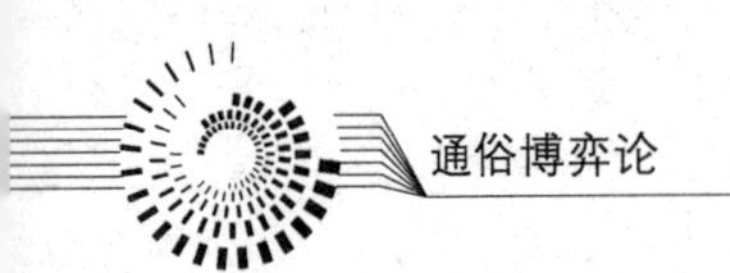


2票，这也是很寻常的结论。

e. 不妨称只有1张或2张票的成员为A类成员，拥有3张票或4张票的成员为B类成员；拥有5张票的成员为C类成员。想在选举中胜出，则需要：(i) 一名C类成员和一名B类成员；(ii) 一名C类成员，两名A类成员；或者(iii) 两名B类成员和一名A类成员。当这样表述的时候，很容易发现两名A类成员和两名B类成员差别不大。两名A类成员的沙普利值为2/30，两名B类成员的沙普利值为7/30，而C类成员的沙普利值为12/30。

4. 投票交易对整个社会既可以有益也可以有害，需视情况而定。本章正文中乌斯兰的例子表明，投票交易对社会是有害的。但是，若每个盈利“－4”变为“－40”，同一个例子将表明，投票交易将对社会有益。

5、a. 尽管个人的偏好可能具有传递性，但群体的偏好通常不具有传递性，无论投票程序如何。

b. 个人屈意投票通常会更有好处，而且多数票决有其自身的难题，如我们在本章正文中所见。

c. 以下情况是有可能出现的：每个备选方案都劣于其他某些备选方案。这种情况下，上述条件永远不会得到满足，无论投票程序如何。

6. 当众议院的规模增加而危及某些议员的席位时，他们会找到很好的理由去反对这一方案。

7. 若存在多数偏好，则(a) 将是一个合理的提案；但备选方案若有 3 个或以上，有可能不会存在合理的提案。

（b）和（c）看似有理，但是均会导致如下结果：在一定情况下，许多人将会考虑不合适的那份提案。可能的困难之详细论述请参见本章正文。

# 参考文献


Allais, Maurice. "Le Comportement de l'Homme Rationnel devant le Risque: Critiques des Postulates et Axiomes de l'Ecole Americaine." *Econometrica,* 21 (1953):503–546.

Allen, Layman E. "Games Bargaining: A Proposed Application of the Theory of Games to Collective Bargaining." *Yale Law Journal* 165 (1956):660–693.

Ankeny, Nesmith C. *Poker Strategy—Winning with Game Theory.* New York: Basic Books, 1981.

Anscombe, F. J. "Applications of Statistical Methodology to Arms Control and Disarmament." In *Final Report to the U.S. Arms Control and Disarmament Agency under Contract No. ACDA/ST-3.* Princeton, N.J.: Mathematica Inc., 1963.

Arkoff, A., and Vinacke, W. E. "An Experimental Study of Coalitions in the Triad." *American Sociological Review* 22 (1957):406–414.

Arrow, K. J. *Social Choice and Individual Values.* Cowles Commission Monograph 12. New York: John Wiley and Sons, Inc., 1951.

Aumann, R. J., and Maschler, Michael. "The Bargaining Set for Cooperative Games." In *Advances in Game Theory,* Annals of Mathematics Study 52, edited by M. Dreshner, L. S. Shapley, and A. W. Tucker, pp. 443–476. Princeton: Princeton University Press, 1964.

——. "Some Thoughts on the Minimax Principle." *Management Science* 18 (1972):50–54.

Aumann, R. J., and Peleg, B. "Von Neumann-Morgenstern Solutions to Cooperative Games without Side Payments." *Bulletin of the American Mathematical Society,* 66 (1960):173–179.

Avenhaus, R., and Frick, H. "Game Theoretical Treatment of Material Accountability Problems." *International Journal of Game Theory* 5 (1976):41-49; 6 (1977):117-135.

Axelrod, R. "Effective Choice in the Prisoner's Dilemma." *Journal of Conflict Resolution* 24 (1980*a*):3-25.

——— . "More Effective Choice in the Prisoner's Dilemma." *Journal of Conflict Resolution* 24 (1980*b*):379-403.

——— . "The Emergence of Cooperation among Egoists." *American Political Science Review* 75 (1981):306-318.

——— , and Hamilton, W. D. "The Evolution of Cooperation." *Science,* 211 (1981):1390-1396.

Balinski, M. L., and Young, H. P. "A New Method for Congressional Apportionment." *American Mathematical Monthly* 82 (1975):701-730.

Banzhaf, J. F., III. "Weighted Voting Doesn't Work: A Mathematical Analysis." *Rutgers Law Review* 19 (1965):317-343.

Bartoszynski, R., and Puri, M. "Some Remarks on Strategy in Playing Tennis." *Behavioral Science* 26 (1981):379-387.

Becker, Gordon M., and De Groot, Morris H. "Stochastic Models of Choice Behavior." *Behavioral Science* 8 (1963):41-55.

——— , and Marchak, Jacob. "An Experimental Study of Some Stochastic Models for Wagers." *Behavioral Science* 8 (1963):199-202.

Berkovitz, L. D., and Dresher, Melvin. "A Game-Theory Analysis of Tactical Air War." *Operations Research* 7 (1959):599-620.

——— . "Allocation of Two Types of Aircraft in Tactical Air War: A Game-Theoretic Analysis." *Operations Research* 8 (1960):694-706.

Billera, Louis J. "Some Results in n-Person Game Theory." *Mathematical Programming* 1 (1971):58-67.

Bixenstine, V.; Gabelin, Edwin; and Gabelein, Jacquelyn W. "Strategies of 'Real' Others Eliciting Cooperative Choice in a Prisoner's Dilemma." *Journal of Conflict Resolution* 15, 2 (1971):157-166.

Bixenstine, V.; Polash, Herbert M.; and Wilson, Kellogg V. "Effects of Level of Cooperative Choice by the Other Player on Choices in a Prisoner's Dilemma Game." *Journal of Abnormal and Social Psychology* 66 (1963):308-313 (part 1); 67 (1963):139-147 (part 2).

Black, Duncan. "The Decision of a Committee Using a Special Majority." *Econometrica* 16 (1948):245-261.

——— . *The Theory of Committees and Elections.* Cambridge, England: Cambridge University Press, 1958.

——— . "Lewis Carroll and the Theory of Games." *American Economic Review* 159 (1969):206-216.

Blaquire, Austin; Gérard, Françoise; and Leitman, George. "Quantitative and Qualitative Games." *Mathematics in Science and Engineering* 58 (1969).

Bond, John R., and Vinacke, Edgar W. "Coalitions in Mixed-Sex Triads." *Sociometry* 24 (1961):61–81.

Bonoma, Thomas V.; Tedeschi, J. T.; and Linskold, S. "A Note Regarding an Expected Value Model of Social Power." *Behavioral Science* 17 (1972):221–228.

Brams, Steven J. *Paradoxes in Politics.* New York: Free Press, 1976.

———, and Davis, Morton D. "Resource-Allocation Models in Presidential Campaigns: Implications for Democratic Representation." *Annals of the New York Academy of Sciences* 219 (1973):105–123.

———. "The 3/2's Rule in Presidential Campaigning." *American Political Science Review* 68 (1974):113–134.

———. "Optimal Jury Selection: A Game-Theoretic Model for the Exercise of Peremptory Challenges." *Operations Research* 26 (1978):966-991.

———, and Straffin, P. D. "The Geometry of the Arms Race." *International Studies Quarterly* 23 (1979):567–588.

Brams, Steven J., and Riker, W. H. "Models of Coalition Formation in Voting Bodies." *Mathematical Applications of Political Science,* vol. 6, edited by James F. Herndon and Joseph L. Bernd, pp. 79–124. Charlottesville: University of Virginia Press.

Brayer, Richard. "An Experimental Analysis of Some Variables of Minimax Theory." *Behavioral Science* 9 (1964):33–44.

Buchanan, James M. "Simple Majority Voting, Game Theory and Resource Use." *Canadian Journal of Economic and Political Science* 27 (1961):337–348.

———, and Tullock, Gordon. *The Calculus of Consent.* Ann Arbor, Mich.: University of Michigan Press, 1962.

Callen, Jeffrey L. "Financial Cost Allocations: A Game-Theoretic Approach." *Accounting Review* 53 (1978):303–308.

Caplow, Theodore. "A Theory of Coalition in the Triad." *American Sociological Review* 21 (1956):489–493.

———. "Further Developments of a Theory of Coalitions in the Triad." *American Journal of Sociology* 66 (1959):488–493.

Carroll, Lewis. "The Principles of Parliamentary Representation," 1st ed. November 1884 (booklet).

Case, James. "A Different Game in Economics." *Management Science* 17 (1970/71):394–410.

Cassady, Ralph, Jr. "Taxicab Rate War: Counterpart of International Conflict." *Journal of Conflict Resolution* 1 (1957):364–368.

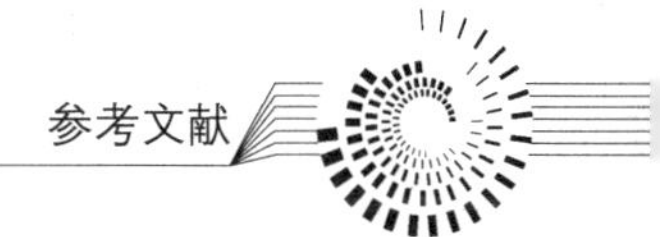

———. "Price Warfare in Business Competition: A Study of Abnormal Competitive Behavior." Occasional Paper No. 11. The Graduate School of Business Administration, Michigan State University. N.D.

Caywood, T. E., and Thomas, C. J. "Applications of Game Theory in Fighter Versus Bomber Conflict." *Operations Research Society of America* 3 (1955):402-411.

Chacko, George K. *International Trade Aspects of Indian Burlap.* New York: Bookman Associates, Div. of Twayne Publishers, 1961.

———. "Bargaining Strategy in a Production and Distribution Problem." *Operations Research* 9 (1961):811-827.

Chaney, Marilyn V., and Vinacke, Edgar. "Achievement and Nurturance in Triads in Varying Power Distributions." *Journal of Abnormal and Social Psychology* 60 (1960):175-181.

Chidambaram, T. S. "Game Theoretic Analysis of a Problem of Government of People." *Management Science* 16 (1970):542-559.

Coombs, C. H., and Pruitt, D. G. "Components of Risk in Decision Making: Probability and Variance Preferences." *Journal of Experimental Psychology* 60 (1960):265-277.

Crane, Robert C. "The Place of Scientific Techniques in Mergers and Acquisitions." *The Controller* 29 (1961):326-342.

Dahl, Robert A. "The Concept of Power." *Behavioral Science* 22 (1957):201-215.

Davis, John Marcell. "The Transitivity of Preferences." *Behavioral Science* 3 (1958):26-33.

Davis, Morton. "A Bargaining Procedure Leading to the Shapley Value." Research Memorandum No. 61. Princeton, N.J.: Econometric Research Program, Princeton University, 1963.

———. "Some Further Thoughts on the Minimax Theorem." *Management Science* 20 (1974):1305-1310.

———, and Maschler, Michael. "Existence of Stable Payoff Configurations for Cooperative Games." *Bulletin of the American Mathematical Society* 69 (1963):106-108.

Day, Ralph L., and Kuehn, Alfred. "Strategy of Product Quality." *Harvard Business Review* 40 (1962):100-110.

Deutsch, Karl W. "Game Theory and Politics: Some Problems of Application." *Canadian Journal of Economics and Political Science* 120 (1954):76-83.

Deutsch, Morton. "The Effect of Motivational Orientation upon Trust and Suspicion." *Human Relations* 13 (1960*a*):123-139.

———. "Trust, Trustworthiness, and the F-Scale." *Journal of Abnormal and Social Psychology* 61 (1960*b*):366-368.

———. "The Face of Bargaining." *Operations Research,* 19 (1961):886-897.

Dostoevsky, Fyodor. *The Gambler and Poor Folk.* New York: Everyman's Library, 1915.

Downs, Anthony. *An Economic Theory of Democracy.* New York: Harper & Brothers, 1957.

———. "Why the Government Budget Is Too Small in a Democracy." *World Politics* 12 (1960):541-563.

Dresher, Melvin. *Games of Strategy: Theory and Applications.* Englewood Cliffs, N.J.: Prentice-Hall, 1961.

Dumett, Michael, and Farquharson, Robin. "Stability in Voting." *Econometrica* 29 (1961):33-43.

Edwards, Ward. "Probability-Preference in Gambling." *American Journal of Psychology* 66 (1953):349-364.

———. "The Theory of Decision Making." *Psychological Bulletin* 51 (1954*a*):380-417.

———. "Probability-Preference among Bets with Different Expected Values." *American Journal of Psychology* 67 (1954*b*):56-67.

———. "The Reliability of Probability Preferences." *American Journal of Psychology* 67 (1954*c*):68-95.

———. "Variance Preferences in Gambling." *American Journal of Psychology* 67 (1954*d*):441-452.

Farquharson, Robin. *Theory of Voting* (New Haven, Conn.: Yale University Press, 1969).

Fellner, William. *Competition among the Few.* New York: Knopf, 1949.

Flood, Merrill M. "Some Experimental Games." Rand Memorandum RM-789-1, 1952.

———. "Some Experimental Games." *Management Science* 5 (1958):5-26.

Forst, Brian, and Lucianovic, Judith. "The Prisoner's Dilemma: Theory and Reality." *Journal of Criminal Justice* 5 (1977):55-64.

Fox, John. "The Learning of Strategies in a Simple Two-Person Game Without a Saddle Point." *Behavioral Science* 17 (1972):300-308.

Fouraker, Lawrence E., and Siegel, Sidney. *Bargaining and Group Decision Making.* New York: McGraw-Hill, 1960.

———. *Bargaining Behavior.* New York: McGraw-Hill, 1963.

Friedman, Lawrence. "Game-Theory Models in the Allocations of Advertising Expenditures." *Operations Research* 6 (1958):699-709.

Galbraith, John Kenneth. *American Capitalism—The Concept of Countervailing Power.* Boston: Houghton Mifflin Co., 1952.

Gale, David, and Stewart, F. M. "Infinite Games of Perfect Information." In *Contribution to the Theory of Games,* edited by H. W. Kuhn and A. W. Tucker, pp. 245-266. Princeton: Princeton University Press, 1953.

Gamson, William A. "A Theory of Coalition Formation. *American Sociological Review* 26 (1961):373-382.

——. "An Experimental Test of a Theory of Coalition Formation." *American Sociological Review* 26 (1961):565-573.

Gately, D. "Sharing the Gains from Regional Cooperation: A Game-Theoretical Application to Planning Investment in Electric Power." *International Journal of Game Theory* 15 (1974):195-208.

Goehring, Dwight J., and Kahan, James P. "Responsiveness in Two-Person, Zero-Sum Games." *Behavioral Science* 18 (1973):27-33.

Gold, V. "Spieltheorie und Politische Realität." *Politische Studie* (Munich), 191 (1970):257-277.

Griesmer, James H., and Shubik, Martin. "Toward a Study of Bidding Processes: Some Constant-Sum Games." *Naval Logistics Research Quarterly* 10 (1963*a*):11-22.

——. "Toward a Study of Bidding Processes, Part II: Games with Capacity Limitations." *Naval Logistics Research Quarterly* 10 (1963*b*):151-173.

——. "Toward a Study of Bidding Processes, Part III: Some Special Models." *Naval Logistics Research Quarterly* 10 (1963*c*):199-217.

Griffith, R. M. "Odds-Adjustment by American Horse-Race Bettors." *American Journal of Psychology* 62 (1949):290-294.

Guyer, Melvin J., and Rapoport, Anatol. "2X2 Games Played Once." *Journal of Conflict Resolution* 16 (1972):409-431.

Guyer, Melvin, and Perkel, B. "Experimental Games: A Bibliography." Ann Arbor, Mental Health Research Institute, Univ. of Michigan, Communication 293, 1972.

Haigh, John, and Rose, Michael. "Evolutionary Game Auctions." *Journal of Theoretical Biology* 85 (1980):381-397.

Hamburger, Henry. *Games as Models of Social Phenomena.* San Francisco: W. H. Freeman and Co., 1979.

Hamilton, John A. "The Ox-Cart Way We Pick a Space-Age President." *New York Times Magazine,* October 20, 1968, p. 36.

Hamilton, William D. "The Genetical Evolution of Social Behavior." *Journal of Theoretical Biology* 7 (1964):1-52.

Hamlen, S.; Hamlen, W.; and Tschikhart, J. "The Use of Core Theory in Evaluating Joint Cost Allocation Schemes." *International Economic Review* 52 (1977):216-267.

Harsanyi, John C. "Approaches to the Bargaining Problem Before and After the Theory of Games: A Critical Discussion of Zethuen's, Hicks', and Nash's Theories." *Econometrica* 24 (1956):144-157.

——. "Bargaining in Ignorance of the Opponent's Utility Function." *Journal of Conflict Resolution* 6 (1962):29-38.

——. "A Bargaining Model for the Cooperative n-Person Game." In *Contribution to the Theory of Games,* edited by A. W. Tucker and R. D. Luce, pp. 325–355. Princeton: Princeton University Press, 1959.

——, and Selten, Reinhard. "A Generalized Nash Solution for Two-Person Bargaining Games with Incomplete Information." *Management Science* 18 (1972):80–106.

Haywood, O. G., Jr. "Military Decisions and Game Theory." *Journal of the Operations Research Society of America* 2 (1954):365–385.

Hobbes, Thomas. *The Leviathan,* edited by Michael Oakeshott. New York: Collier, 1962. (Originally published 1651.)

Hoffman, Paul T.; Festinger, Leon; and Douglas, Lawrence H. "Tendencies Toward Group Comparability in Competitive Bargaining." In *Decision Processes,* edited by R. M. Thrall, C. H. Coombs, and R. L. Davis, pp. 231–253. New York: John Wiley and Sons, 1954.

Hotelling, Harold. "Stability in Competition." *Economics Journal* 39 (1929):41–57.

Iklé, Charles, and Leites, Nathan. "Political Negotiation as a Process of Modifying Utilities." *Journal of Conflict Resolution* 6 (1962):19–28.

Issacs, Rufas. *Differential Games: A Mathematical Theory with Applications to Warfare and Pursuit, Control and Optimization.* New York: John Wiley and Sons, 1965.

Kahneman, Daniel, and Tversky, Amos. "The Psychology of Preferences." *Scientific American* (January 1982):160–173.

Kant, Immanuel. *Foundations of the Metaphysics of Morals (and "What Is Enlightenment"),* translated by Lewis White Beck. New York: Bobbs-Merrill, 1959. (Originally published 1785.)

Kalisch, G. K., et al. "Some Experimental Games." In *Decision Processes,* edited by R. M. Thrall, C. H. Coombs, and R. L. Davis, pp. 301–327. New York: John Wiley and Sons, 1954.

Kaplan, Morton A. "The Calculus of Nuclear Deterrence." *World Politics* 11 (1958–1959):20–43.

Karlin, Samuel. *Mathematical Methods and Theory in Games, Programming, and Economics,* vols. I, II. Reading, Mass.: Addison Wesley, 1959.

Kaufman, Herbert, and Becker, Gordon M. "The Empirical Determination of Game-Theoretical Strategies." *Journal of Experimental Psychology* 61 (1961):462–468.

Kelley, H. H., and Arrowood, A. J. "Coalitions in the Triad: Critique and Experiment." *Sociometry* 23 (1960):217–230.

Keynes, John M. *Monetary Reform.* New York: St. Martin's Press, 1972.

Kuhn, H. W. "A Simplified Two-Person Poker." In *Contributions to*

*the Theory of Games,* edited by H. W. Kuhn and A. W. Tucker, pp. 97-103. Princeton: Princeton University Press, 1950.

Lacey, Oliver L., and Pate, James L. "An Empirical Study of Game Theory." *Psychological Reports* 7 (1960):527-530.

Lave, Lester B. "An Empirical Description of the Prisoner's Dilemma Game." Rand Memorandum P-2091, 1960.

Lee, M.; McKelvy, R. D.; and Rosenthal, H. "Game Theory and the French Apparentments of 1951." *International Journal of Game Theory* 8 (1979):27-53.

Leiserson, M. A. "Factors and Coalitions in One Part of Japan: An Interpretation Based on the Theory of Games." *American Political Science Review* 62 (1968):770-787.

Lieberman, Bernhardt. "Human Behavior in a Strictly Determined 3x3 Matrix Game." *Behavioral Science* 4 (1960):317-322.

Littlechild, S. C., and Owen, Guillermo. "A Simple Expression for the Shapley Value in a Special Case." *Management Science* 20 (1973):370-372.

Loomis, James L. "Communication, the Development of Trust, and Cooperative Behavior." *Human Relations* 12 (1959):305-315.

Lucas, William F. "A Game with No Solution." *Bulletin of the American Mathematical Society* 74 (1968):237-239.

———. "An Overview of the Mathematical Theory of Games." *Management Science* 18 (1972):3-19.

———, and Thrall, R. M. "N-Person Games in Partition Function Form." *Naval Logistics Research Quarterly* 10 (1963):281-298.

Luce, Duncan R., and Raiffa, Howard. *Games and Decisions.* New York: John Wiley and Sons, 1957.

Luce, Duncan R., and Rogow, Arnold. "A Game Theoretic Analysis of Congressional Power Distribution for a Stable Two-Party System." *Behavorial Science* 1 (1956):83-95.

Lutzker, Daniel R. "Internationalism as a Predictor of Cooperative Behavior." *Journal of Conflict Resolution* 4 (1960):426-430.

———. "Sex Role, Cooperation and Competition in a Two-Person, Non-Zero-Sum Game." *Journal of Conflict Resolution* 5 (1961):366-368.

McClintlock, Charles C., et al. "Internationalism-Isolationism, Strategy of the Other Player, and Two-Person Game Behavior." *Journal of Abnormal and Social Psychology* 67 (1963):631-636.

McDonald, John. "How the Man at the Top Avoids Crises: Excerpts from 'The Game of Business.'" *Fortune* 81 (1970):120.

McGlothlin, William H. "Stability of Choices among Certain Alternatives." *American Journal of Psychology* 69 (1956):604-615.

Mack, David; Auburn, Paulan; and Knight, George P. "Sex Role Identification and Behavior in a Reiterated Prisoner's Dilemma Game." *Psychonomic Science* 24 (1971):59-61.

Markowitz, Harry. "The Utility of Wealth." In *Mathematical Models of Human Behavior,* symposium edited by Jack W. Dunlap, pp. 54-62. Stanford, Conn.: Dunlap Assoc., 1955.

Marshall, James Garth. "Majorities and Minorities: Their Relative Rights." 1853 (pamphlet).

Maschler, Michael. "A Price Leadership Solution to the Inspection Procedure in a Non-Constant-Sum Model of a Test-Ban Treaty." In the Final Report to the U.S. Arms Control and Disarmament Agency under Contract No. ACDA ST-3. Princeton, N. J.: Mathematica Inc., 1963.

May, Mark A., and Doob, Leonard W. "Competition and Cooperation." Social Science Research Council Bulletin No. 25 (1937).

Meer, H. C. van der. "Decision-Making: The Influence of Probability Preference, Variance Preference and Expected Value on Strategy in Gambling." *Acta Psychologica* 21 (1963):231-259.

Miller, Robert B. "Insurance Contracts as Two-Person Games." *Management Science* 18 (1972):444.

Mills, Harlan D. "A Study in Promotional Competition." In *Mathematical Models and Methods in Marketing,* edited by Frank M. Bass, pp. 271-301. Homewood, Ill.: Richard D. Irwin, Inc., 1961.

Miyasawa, K. "The N-Person Bargaining Game." *Econometric Research,* Group Research Memorandum No. 25 (1961).

Moglower, Sidney. "A Game Theory Model for Agricultural Crop Selection." *Econometrica* 30 (1962):253-266.

Morin, Robert E. "Strategies in Games with Saddle Points." *Psychological Reports* 7 (1960):479-485.

Mosteller, Frederick, and Nogee, Philip. "An Experimental Measure of Utility." *Journal of Political Economy* 59 (1951):371-404.

Munson, Robert F. "Decision-Making in an Actual Gaming Situation." *American Journal of Psychology* 75 (1962):640-643.

Mycelski, Jan. "Continuous Games with Perfect Information." In *Advances in Game Theory,* edited by H. W. Kuhn and A. W. Tucker, pp. 103-112. Princeton: Princeton University Press, 1964.

Nash, John F. "The Bargaining Problem." *Econometrica* 18 (1950):155-162.

——. "Two-Person, Cooperative Games." *Econometrica* 21 (1953):128-140.

Neumann, John von, and Morgenstern, Oskar. *The Theory of Games and Economic Behavior,* 3rd ed. Princeton: Princeton University Press, 1953.

Newman, Donald J. "A Model for Real Poker." *Operations Research* 7 (1959):557-560.

Newman, R. G. "Game Theory Approach to Competitive Bidding." *Journal of Purchasing* 8 (1972):50–57.

Niemi, P., and Riker, William H. "The Stability of Coalitions on Roll Calls in the House of Representatives." *American Political Science Review* 56 (1962):58–65.

O'Connor, Richard. *Gould's Millions.* New York: Ace Books, 1962.

Parkison, P. W. "Investment Decision-Making: Conventional Methods vs. Game Theory." *Management Accounting* 53 (1971):13–15.

Parthasarathy, T., and Raghavan, T. E. S. "Some Topics in Two-Person Game Theory." *Modern Analytic and Computational Methods in Mathematics.* No. 22, New York: American Elsevier Co., 1971.

Poe, Edgar Allan. *The Works of Edgar Allan Poe,* vol. 2. New York: Harper & Bros., 1902.

Polsby, Nelson W., and Wildavsky, Aaron B. "Uncertainty and Decision-Making at the National Conventions." In *Political and Social Life,* edited by N. W. Polsby, R. A. Dentler, and P. A. Smith, pp. 370–389. Boston: Houghton Mifflin Co., 1963.

———. *Presidential Elections: Strategies of American Electoral Politics.* New York: Charles Scribner's Sons, 1964.

Preston, Malcolm G., and Baratta, Phillip. "An Experimental Study of the Auction-Value of an Uncertain Outcome." *American Journal of Psychology* 71 (1958):183–193.

Raiffa, Howard. "Arbitration Schemes for Generalized Two-Person Games." Report M720-1 R-30 of The Engineering Research Institute, University of Michigan, 1951.

Rao, Ambar G., and Shakun, Melvin F. "A Quasi-Game Theory Approach to Pricing." *Management Science* 18 (1972):110–123.

Rapoport, Anatol. *Fights, Games and Debates.* Ann Arbor: University of Michigan Press, 1960.

———, and Orwant, Carol. "Experimental Games: A Review." *Behavioral Science* 7 (1962):1–37.

Rapoport, A.; Guyer, M.; and Gordon, D. "A Comparison of Performance of Danish and American Students in a 'Threat Game.'" *Behavorial Science* 16 (1971):456–466.

Read, Thornton. "Nuclear Tactics for Defending a Border." *World Politics* 15 (1963):390–402.

Richter, Marcel K. "Coalitions, Core and Competition." *Journal of Economic Theory* 3 (1971):323–334.

Riker, William H. *The Theory of Political Coalitions.* New Haven: Yale University Press, 1962.

———. "A Test of the Adequacy of the Power Index." *Behavorial Science* 4 (1959):120–131.

Robinson, Frank D. "The Advertising Budget." In *Readings on Marketing,* edited by S. George Walters, Max D. Snider, and Morris L. Sweet. Cincinnati: Southwestern Publishing, 1962.

Robinson, Julia. "An Iterative Method of Solving a Game." *Annals of Mathematics* 54 (1951):296-301.

Rose, Arnold M. "A Study of Irrational Judgments." *The Journal of Political Economy* 65 (1957):394–402.

Rosenthal, Robert W. "External Economies and Cores." *Journal of Economic Theory* 3 (1971):182–188.

Royden, Halsey I.; Suppes, Patrick; and Walsh, Karol. "A Model for the Experimental Measurement of the Utility of Gambling." *Behavioral Science* 4 (1959):11–18.

Sankoff, D., and Mellos, S. "The Swing Ratio and Game Theory." *American Political Science Review* 66 (1972):551–554.

Savage, Leonard J. *The Foundations of Statistics.* New York: John Wiley and Sons, 1954.

Scarf, Herbert E., "On the Existence of a Cooperative Solution for a General Class of n-Person Games." *Journal of Economic Theory* 3 (1971):169-181.

Schelling, Thomas C. "The Strategy of Conflict—Prospectus for a Reorientation of Game Theory." *Journal of Conflict Resolution* 2 (1958):203–264.

——. "Bargaining, Communication and Limited War." *Journal of Conflict Resolution* 1 (1957):19–36.

Schubert, Glendon A. *Quantitative Analysis for Judicial Behavior.* Glencoe, Ill.: Free Press, 1952.

——. *Constitutional Politics.* New York: Holt, Rinehart and Winston, 1960.

Schwartz, E., and Greenleaf, J. A. "A Comment on Investment Decisions, Repetitive Games, and the Unequal Distribution of Wealth." *Journal of Finance* 3 (1978):122–127.

Scodel, Alvin. "Induced Collaboration in Some Non-Zero-Sum Games." *Journal of Conflict Resolution* 6 (1962):335–340.

——. "Probabilty Preferences and Expected Values." *Journal of Psychology* 56 (1963):429–434.

——, and Minas, J. Sayer. "The Behavior of Prisoners in a 'Prisoner's Dilemma' Game." *Journal of Psychology* 50 (1960):133–138.

——, and Ratoosh, Philburn. "Some Personality Correlates of Decision Making under Conditions of Risk." *Behavioral Science* 4 (1959):19–28.

Scodel, Alvin, et al. "Some Descriptive Aspects of Two-Person, Non-Zero-Sum Games." *Journal of Conflict Resolution* 3 (1959):114–119.

Scodel, Alvin, et al. "Some Descriptive Aspects of Two-Person, Non-Zero-Sum Games, II." *Journal of Conflict Resolution* 4 (1960):193-197.

Shapley, L. S. "A Value for n-Person Games." In *Contributions to the Theory of Games*, edited by H. W. Kuhn and A. W. Tucker, pp. 307-317. Princeton: Princeton University Press, 1953.

——, and Shubik, Martin. "A Method for Evaluating the Distribution of Power in a Committee System." *American Political Science Review* 48 (1954):787-792.

——. "On the Core of Economic Systems with Externalities," *American Economic Review* 59 (1969):678-684.

Shubik, Martin. *Strategy and Market Structure*. New York: John Wiley and Sons, 1960.

——. "The Dollar Auction Game: A Paradox in Noncooperative Behavior and Escalation." *Journal of Conflict Resolution* 15 (1971):109-111.

Siegel, Sidney, and Harnett, D. L. "Bargaining Behavior: A Comparison Between Mature Industrial Personnel and College Students." *Operations Research* 12 (1964):334-343.

Simmel, Georg. *Conflict and the Web of Group Affiliations*, translated by Kurt H. Wolff and Reinhard Bendix. Glencoe, Ill.: Free Press, 1955. (Originally published 1908.)

Simon. H. A. "Theories in Decision-Making in Economics and Behavioral Science." *American Economic Review* 49 (1959):253-283.

Smith, J. M. "The Evolution of Behavior." *Scientific American* 239 (1978):176-192.

——, and G. A. Parker. "The Logic of Assymetric Contests," *Animal Behavior* 24 (1976):159-175.

Smithies, A. "Optimum Location in Spatial Competition." *Journal of Political Economy* 49 (1941):423-429.

Snyder, Glenn H. "Deterrence and Power." *Journal of Conflict Resolution* 4 (1960):163-178.

Sommer, R. "The District Attorney's Dilemma: Experimental Games and the Real World of Plea Bargaining." *American Psychologist* 37 (1982):526-532.

Stone, Jeremy. "An Experiment in Bargaining Games." *Econometrica* 26 (1958):282-296.

Straffin, Phillip D., Jr. "The Bandwagon Curve." *American Journal of Political Science* 21 (1977):695-709.

——, and Heaney, J. P. "Game Theory and the Tennessee Valley Authority." *International Journal of Game Theory* 10 (1981):35-43.

Straffin, P. D., Jr.; Brams, S. J.; and Davis, M. D. "Power and Satisfaction in an Ideologically Divided Body." In *Power, Voting and Vot-*

*ing Power,* edited by M. J. Holler, pp. 239-255. Wurzburg: Physics-Verlag, 1981.

Stryker, S., and Psathas, G. "Research on Coalitions in the Triad: Findings, Problems and Strategy." *Sociometry* 23 (1960):217-230.

Suppes, Patrick, and Walsh, Karol. "A Non-Linear Model for the Experimental Measure of Utility." *Behavorial Science* 4 (1959):204-211.

Thompson, G. L. "Bridge and Signaling." In *Contributions to the Theory of Games,* edited by H. W. Kuhn and A. W. Tucker, pp. 279-290. Princeton: Princeton University Press, 1953.

Thorpe, Edwin. *Beat the Dealer.* New York: Vintage Books, 1966.

——, and Waldman, W. E., "The Fundamental Theorem of Card Counting with Applications to Trente-et-Quarante and Baccarat." *International Journal of Game Theory* 2 (1973):109-119.

Tropper, Richard. "The Consequences of Investment in the Process of Conflict." *Journal of Conflict Resolution* 16 (1972):97-98.

Uesugi, Thomas, J., and Vinacke, Edgar W. "Strategy in a Feminine Game." *Sociometry* 26 (1963):75-88.

Uslaner, Eric M., and Davis, J. Ronnie. "The Paradox of Vote-Trading: Effects of Decision Rules and Voting Strategies on Extremalities." *American Political Science Review* 69 (1975):929-924.

Vickrey, William. "Self-policing Properties of Certain Imputation Sets." In *Contributions to the Theory of Games,* edited by A. W. Tucker and R. D. Luce, pp. 213-246. Princeton: Princeton University Press, 1959.

Vinacke, Edgar W. "Sex Roles in a Three-Person Game." *Sociometry* 22 (1959):343-360.

Weinberg, Robert S. "An Analytic Approach to Advertising Expenditure Strategy." In *Mathematical Models and Methods in Marketing,* edited by Frank N. Bass et al., pp. 3-34. Homewood, Ill.: Richard D. Irwin, (1961). (Originally published by the Association of National Advertisers, 1960.)

Willis, Richard H., and Joseph, Myron L. "Bargaining Behavior I: 'Prominence' as a Predictor of the Outcomes of Games of Agreement." *Journal of Conflict Resolution* 3 (1959):102-113.

Wilson, Robert, "Stable Coalition Proposals in Majority-Rule Voting." *Journal of Economic Theory* 3 (1971):254-271.

**图书在版编目（CIP）数据**

通俗博弈论/（美）莫顿·D.戴维斯著；董志强，李伟成译. —北京：中国人民大学出版社，2017.4

（大师细说博弈论）

ISBN 978-7-300-24055-8

Ⅰ.①通… Ⅱ.①莫… ②董… ③李… Ⅲ.①博弈论 Ⅳ.①O225

中国版本图书馆 CIP 数据核字（2017）第 020875 号

大师细说博弈论

**通俗博弈论**

莫顿·D.戴维斯 著

董志强 李伟成 译

Tongsu Boyilun

| | | | |
|---|---|---|---|
| **出版发行** | 中国人民大学出版社 | | |
| **社　　址** | 北京中关村大街 31 号 | **邮政编码** | 100080 |
| **电　　话** | 010－62511242（总编室） | | 010－62511770（质管部） |
| | 010－82501766（邮购部） | | 010－62514148（门市部） |
| | 010－62515195（发行公司） | | 010－62515275（盗版举报） |
| **网　　址** | www.crup.com.cn | | |
| | www.ttrnet.com（人大教研网） | | |
| **经　　销** | 新华书店 | | |
| **印　　刷** | 涿州市星河印刷有限公司 | | |
| **规　　格** | 170 mm×240 mm　16 开本 | **版　　次** | 2017 年 4 月第 1 版 |
| **印　　张** | 18 插页 1 | **印　　次** | 2017 年 4 月第 1 次印刷 |
| **字　　数** | 168 000 | **定　　价** | 39.80 元 |